大塚太太的
東京餐桌故事

東京下町大塚家の幸せレシピ物語

大塚太太 ——— 著

在我嫁到日本之後

我最好的朋友曾經對我說,她覺得有一天我一定會出書,雖然當時心裡半信半疑,但總也有一股憧憬希望這個想法可以成真。也許有人會認為,這年頭什麼樣的人都有機會出書,就算只是在網路上分享一些有的沒的,也很有可能會被請去寫一本書。然而在我真正開始寫這本書後,我才體會到,的確任何人都可以出書,但要寫出一本書是要花上多少個日子、多少個大家都睡著的夜晚以及在自己做完所有該做的事後所剩餘的時間裡,慢慢琢磨、細細推敲,一字一句從自己的思緒和經歷中抽絲剝繭、去蕪存菁,才能堆砌出一本好幾萬字、好幾百頁的書。所以在寫完這本書後,我打從心裡敬佩所有的作者,我也覺得自己盡了最大的力氣,將想要表達與分享的都盡情地發揮在這本書裡了。

回想十幾年前,當初嫁到日本不得不放棄一個得來不易的教職工作,雖然我不是師範體系出來的教師,但當年為了擠進公立教職的稀少缺額,我想辦法讓自己符合資格以應屆畢業生的身分參加了最後一屆的北縣教師甄試。永遠記得那一天娘陪我去筆試和試教時,很多人都跟她說:「你女兒不可能考上的,因為她要跟一群已經在私立學校教書多年的老前輩競爭」,原來大家都想要趕搭北縣最後一次教師甄試的列車。沒想到放榜的那一天,我看到了自己的名字!在騎著摩托車趕回去報喜的路上,我高興到淚流不止,手顫抖到無法控制機車龍頭。於是只好把車停在路邊,找個公共電話先打回家,然後讓自己在路邊哭完後才慢慢騎車回去。結果在某所公立

國中教書七年後，中間有一年留職停薪去英國拿了一個教育碩士，我竟然辭職了，應該有很多人會覺得我頭殼壞掉。

辭掉教職縱然頂著一個碩士頭銜，嫁到日本來最後只是一個家庭主婦而已，還是一個一直在台灣日本兩地，尋找兩種文化的平衡點和一個適合自己、擁有自我位置的家庭主婦。還好我並不覺得自己頭殼壞掉，因為在日本等著我的是另一種人生歷練與生活體驗。嫁來日本的台灣媳婦很多，但跟日本公婆和小姑住在一起的應該不多，這本書敘述了一些我跟日本家人磨合和相處的點點滴滴以及台日兩種料理相遇時擦出的火花和帶給我們的悸動，剛好可以呼應兩種不同文化的人在一個空間裡，從陌生害怕經過衝突磨合後，互相豐盈彼此的我們家一樣。

我永遠記得我家公婆對我說，感謝我從台灣來到日本的這個家，讓他們到這把年紀還有機會可以認識新的東西和台灣文化，吃到有可能一輩子也吃不到的料理，所以這本書可以看到我如何用台灣料理來改造日本家人的胃。我也從我們兩家的家人身上體會到，只要屏除心中的小框框，任何人都可以擁抱全世界的，而料理就是其中最具魔法的工具。於是除了食譜外我也很想在這本書裡傳達這樣的想法，希望看完的人可以得到一些生活上的正能量，縱使不是在大家所認同的道路上、主流裡、舒適圈中或理所當然下，依然能夠為自己點一盞燈找到一條路走出去的。

大塚太太

目錄 CONTENTS

第一話。こんにちは！異國媳婦初登場

STYLE · LIFE

第二話。台灣 vs 日本 練習做一個當地人

第三話。春夏秋冬，365天都要和家人一起玩

第四話。那些日本太太教我的事

附錄。醬料與超市人氣商品

台灣娘家

台灣媽媽　　台灣爸爸

大塚太太　　　大塚先生

大塚姊姊

大塚爺爺

大塚婆婆

日本婆家

大塚小姑

大塚小弟

9

第一話

こんにちは！
異國媳婦初登場

在此之前，
我從未想過會與他相識，
更沒料想會嫁到遙遠的地方，
開始不一樣的生活。

金城武説：「我喜歡妳」

那一年25歲的我，在工作幾年後決定到英國讀書，看看世界會有什麼不同。

赴英之前，我參加了英國在台協會舉辦的留學生講座與行前須知會議，這個會議的內容其實我沒有聽進太多東西，只記得其中主講人的一段話很令人疑惑，於是烙印在心中，跟著一起飛去了英國。

主講人説：「有很多人是在留學的時候找到另一半的，你們不妨多注意一下自己身旁的人喔！」

到了英國的學校後，在每天忙碌的校園生活中，偶爾會記起這段話而注意一下身邊的人，但放眼望去我失望地發現，身邊根本沒有所謂「另一半」這樣的人嘛！

可是在時光的流逝中，很奇怪的是，自己常常會莫名地巧遇一個人，這個人其實從一開始就出現在身邊。在各學系正式課程開始前的暑假有一個語文先修班，無關大學、研究生或科系，只要是外國學生都可以參加，而我們就是語文先修班的同學。

說多巧就有多巧，我們不僅上課經常碰巧坐在隔壁，連在校外教學的巴士上也會不小心坐在一起，但這一切卻又不是經過特別的安排，而且語言先修班裡的外國學生人數還不少。甚至在各種野餐、宴會和後來定期的台灣人聚會中，經常吃著吃著兩人就聊在一起。為什麼連台灣人的聚會也會有這位男孩的出現呢？據說這位男孩不會煮但很愛吃，只要哪裡有得吃他都會帶著一瓶酒瀟灑地加入，然後吃最多也喝最多。

雖然外表長得有點像金城武（本人根本是以金城武自居），但是笑聲的分貝太大，講話很吵，愛吃又愛喝兩杯，還是個日本人。最重要的是年紀比我小，所以當初身為研究生又已經出社會的我，根本從來沒有把還是大學生且未曾工作過的他放進眼裡，當作是個對象。

就在我對那句話嗤之以鼻漸漸淡忘的時候，怎知在最後最後的一刻，自己和那個男孩交往、結婚，且有了兩個調皮的小鬼了，這個男孩就是現在的大塚先生。只能說緣分是個很奇妙的東西、感情是個很玄的事情，世事難料啊⋯⋯

當初和大塚先生相遇時，那時的我們，一個是必須在一年內就要拿到碩士學位的研究生，一個是還在大學奮鬥的大學生，其實沒什麼交集。直到學期快結束進入寫論文的階段，在幾次台灣學生的聚會中再相遇，才察覺彼此互有好感，但都刻意地壓抑下來，深怕一說出口只會增加困擾。因為我們終究要回自己的國家，且男方還沒有出社會開始工作，不論哪一方先表白，都只會讓無情的現實更唏噓。

沒想到有人在最後一刻還是告白了，那時我正在幫男孩複習期末的中文考試，為什麼男孩會選修中文呢？據說他以前在日本的學校裡學過一些中文，以為在英國應該會很好混，結果發現事實並不是如此，中文的博大精深讓他感到挫折，雖然以後他還是要面對學習中文的挑戰。

就在一個字一個字為男孩講解並要求他在紙上練習幾次讓我確認時，男孩居然在紙張的最後寫下了「我喜歡妳」大大的四個字。我看到的反應是哭泣地問他：「為什麼要說出來？讓我們瀟灑地回自己的國家不是很好嗎？」男孩卻抱著哭泣的我說：「抱歉，我只是不想要讓自己後悔，讓我們之間的可能性被抹煞掉……」

雖然後來我們的確遇到了許多現實生活和國際婚姻會面臨的問題，沒想到最後只靠著想在一起的毅力，排除萬難一路走到現在，我們有了兩隻小鬼，每天過著忙碌又充實的生活，有時想想還真令人難以相信當初想在一起所下的決定與勇氣。

就算是到現在，變成歐巴桑的我其實很慶幸自己有過那種率真的感覺，毫無考慮到任何因素，只在乎能不能和對方在一起。所以在短暫的人生當中，有時不要考慮太多，勇敢地接受自己的真心吧！無論最後的結果是否圓滿，最起碼當我們在回想自己的人生時，有一段歲月是因愛而閃閃發亮，而那一刻的自己也是閃閃發亮的……

丈母娘看女婿
嗯⋯⋯應該是她的菜

現在想想如果不是因為國家的不同，也許當初就不會這麼早決定走入婚姻，更有可能到最後根本不會跟這個人結婚了。

從交往到結婚，我們並沒有花很多時間，事實上根本不到半年。記得當初想在一起生活的意念非常強烈，兩個不同國家的人可以順理成章住在一起，最直接的方式就是結婚。現在想想，如果不是因為國家的不同，也許當初就不會這麼早決定走入婚姻，更有可能到最後根本不會跟這個人結婚了。

因此雙方家長根本是在這樣的順勢發展中，抱持著誠心誠意的祝福自願跳上我們設計好的雲霄飛車，一路高速盤旋上升再快速迴轉，最後急轉直下到達終點，雙方已在各自的國家登記結婚，小倆口開心地準備住在一起了。

回想起來，雙方家長真的沒有什麼勸阻、遊說或質疑我們的異國婚姻，更何況還是一個速戰速決、方便簡捷的登記結婚。永遠記得當我在英國寫完論文回台灣的第二個星期馬上去日本會見大塚先生時，也是第一次見到了我現在的公婆和小

姑。當時的大塚媽媽，也就是我現在的婆婆不時地對我
說，很感謝我在英國為她兒子煮飯，兒子回家後所談論的
英國生活點滴幾乎都是我的菜有多好吃、我的料理在聚會
中有多受歡迎、我們去哪裡旅遊以及在英國一起做了哪些
有趣的事情等等。

也許是公婆們早已聽了好多我們在英國的大小故事，對兒
子所描繪的這位台灣女孩耳熟能詳到可以把她當作自家
人一樣看待。因此當我第二次到日本，也是為了我們在日
本的登記結婚而訪日時，我的公婆和小姑早已帶著滿滿祝
福的心接納我，讓我本來期待又怕受傷害的心情得到了救
贖，而轉變成一種勇往直前的力量。

如果說曾經有什麼令人擔心的地方，那就是當我從英國回
台要去日本會大塚先生時，在台灣的娘其實是不太希望我
去的。從小她就灌輸我們家姊妹一種觀念，以後要嫁最好
不要嫁獨子，結婚後住在娘家附近最幸福；雖然後來我們
都事與願違，但人跟人之間的化學作用真的很奇妙。在親
眼見到大塚先生前，娘都不太願意和我談論到這個人，然
而就在第一次大塚先生來台，我帶他去娘工作的地方拜訪
時，當電梯的門一打開，娘在電梯外看到大塚先生的那一
瞬間，據她的說法，她看到了一個誠實有禮、乾淨爽朗的
年輕人！那一天，只會說一點日文的娘和只會說一點中文

的大塚先生居然有說有笑，後來再和老爸會合時，根本就是他們三人一家和樂融融的模樣。後來想想，大塚先生應該是娘的菜，也慶幸是這樣，因為娘本來的那些不情願，在見了大塚先生後至少一半不見了。

至於我家的老爸，他從年輕的時候就跟著日本師傅學習絕對音準，用耳朵調音和製作鋼琴，所以心裡對日本人是有某些程度的敬佩與親近感。在我的記憶裡，老爸幾乎沒有對這場異國婚姻有過什麼意見，如果有的話，那他也很含蓄地藏在心裡不曾讓我發覺。因為後來我只看到哈日的老爸和哈台的大塚先生，在家裡的客廳，一邊喝酒一邊閒話家常，聊到深夜欲罷不能，聊到娘收藏的一百多瓶威士忌在兩年的歲月裡被他們岳婿倆喝光光。大塚先生還到處跟人炫耀，他的中文之所以這麼流利外加濃厚的台灣腔，並不是在語言學校學來的，而是老爸的功勞。

順便一提的是，結婚後大塚先生跟我在台灣住了兩年，為的是先把中文學好。他說學好了可以跟台灣爸媽溝通的語言後才敢把我帶回日本去，這也是後來我到日本定居跟父母分開後，雖然無法常見面，雖然在不同的國度裡，他們兩老可以稍放寬心將我交給一個可以用中文溝通的日本人照顧的一大原因。

台灣婚宴都吃這麼好嗎？

我曾經問過婆家的人最喜歡哪一道菜色，他們的回答讓我跌倒了……

日本婚禮賓客穿著

我們雖然一開始是在台日兩地登記結婚，後來還是在台灣補辦了一場婚禮。婆家的人在台灣婚禮的喜宴中吃到了所謂的滿漢全席讓他們驚豔無比，說是一生難忘的經驗！我記得在後來的日子裡他們還經常掛在嘴邊，逢人就講述這段與台灣高級美食相遇的美麗回憶。日本人本來就很喜歡中華料理，更何況台灣婚宴中出現的菜色在日本都算是高級中式料理，尤其是像鮑魚、海參、魚翅、干貝等等食材，對日本人來說簡直是夢幻地不得了。

我曾經問過婆家的人最喜歡哪一道菜色，他們的回答讓我跌倒了，原本以為會是個大菜之類的料理，結果竟然是最先上桌前菜拼盤中的涼拌海蜇皮。他們說當時的場面令人緊張不已，排場很大、人很多，又充斥著聽不懂的中文，而且他們是全場的焦點，有種自己在走電影節紅地毯的錯覺，緊張到差點在現場失去知覺。後來我自己在日本參加幾次婚禮後發現，日本人的婚禮大多只宴請新郎、新娘比較親近的親朋好友，台灣則是

有點關係的人都可能被請來喜宴，終於理解為什麼婆家人會被台灣婚禮的場面嚇到。

就在緊張到不行的時刻，終於上菜了，他們不約而同地夾了比較熟悉的涼拌海蜇皮，因為已在日本吃過幾次也非常喜歡。據他們的描述，當吃到第一口食物的那瞬間，所有的緊張奇蹟似地不見了，彷彿全世界只剩下眼前的美食，自己再也沒有心思去注意婚禮上大家的眼光和聽不懂的語言，頓時把所有的注意力都集中在桌上的食物。這道涼拌海蜇皮把他們的胃口全打開來了，這才發現自己好餓可以吃下一整桌的菜，接下來便以愉快的心情享用宴會裡的料理和一道接著一道帶來的幸福時光。整場婚禮從一開始想逃走的念頭，到最後的流連忘返意猶未盡，真是令人難忘。我也算是第一次見識到一家愛吃鬼被美食療癒的飲食男女現形記，後來，當我在經歷許多這群愛吃鬼有多愛吃的場面時就見怪不怪了，然後自己也變成了這群愛吃鬼中的一員。

台灣婚禮賓客穿著

我們家小姑把當年參加台灣婚禮時最令他們感到有趣的事情畫了下來，那就是台日兩國婚禮上來賓們所穿的衣服大不同。日本方面，男生清一色是西裝、女生則是小禮服；台灣的打扮就非常地隨興，看個人喜好，可以是輕鬆方便的休閒服，也可以是比較正式的套裝或洋裝等等。從這種接受度很廣的服飾裝扮上也讓他們感受到台灣民眾隨和、易親近、比較不拘謹的民族性。

難過的時候就去公園吧

電視裡常上演的劇情，夫妻吵架妻子回娘家，過幾天先生來道歉接妻子回家，以上的情節是不可能發生在我身上的。

相信嫁到日本的台灣媳婦很多，但像我這樣嫁來跟日本公婆和小姑住在一起的一定不多。其實對我來說當初來日本，即將與婆家人住在一起，遠比面對新的環境、不通的語言和不同的文化還要令人害怕。最初之所以決定和婆家住在一起大部分的原因是經濟的考量，大塚先生太早婚是沒有什麼穩定基礎可言的。另一方面也考量到我是外國人，先跟日本家人一起住，適應日本的生活後再獨立也許比較好。

我在婆家的新生活，一開始真是坐如針氈，日文說不出幾句的我只知道先搶著跟婆婆分擔家事，為的是不想讓別人認為台灣女生懶散。每天眼睛一睜開像無頭蒼蠅似地，洗碗槽裡只要有一樣東西就趕快去洗起來，洗衣機裡的衣服一洗好就迅速跑去晾衣服，搶著吸地板，搶著收衣服、燙衣服，搞得自己和別人都很累。婆婆也很不好意思把所有的事情都交給我做，每天我們家像是在進行比不完的搶家事大賽，看誰做最多好像就可以贏得悠哉吃晚餐的權利。

這樣的生活其實比在台灣上班還累，雖然我以前上班時也
很厭世，但最起碼是自由自在、無拘無束的。時間久了我
開始懷疑自己一個堂堂的碩士畢業生在這裡做什麼，甚至
有出了門不想太早回家的念頭，深深領教了將自己困在千
里之外的這份愛所帶來的沉重感。

跟婆家人之間的磨合

現在回想起來，我的日本生活初體驗充滿了挫折感，光是
與婆家人的磨合已經快要把我的精力與信心磨光了。雖然
婆家人一直都很善良親切，他們為了接納我這個外人其實
也做了相當的努力，但我們之間總是隔著一層雖是家人但
又過於客套沒有親近感的隔膜。他們愈是對我好，我愈是
覺得有壓力，自己一個外國人在這裡只能處於被照顧的狀
態，於是開始極端地胡思亂想。有時在每天搶著做家事的
情況下覺得自己嫁過來是來當個台傭的，有時又覺得在婆
家好意的保護下自己像是溫室裡的花朵，是個只能做做家
裡雜事的閒妻。

那段時間我常常會莫名其妙地流眼淚，跟大塚先生之間的
衝突也不少，但對我來說最可悲的地方是在日本沒有娘
家可以回！電視裡常上演的劇情，夫妻吵架妻子回娘家，
過幾天先生來道歉接妻子回家，以上的情節是不可能發生
在我身上的。若真的衝動想回娘家，還要看那天有沒有機
票，再花一筆錢坐飛機回去，這趟回家之途麻煩又遙遠，
所以我都是跑到公園坐一坐就好，坐公園比坐飛機可以省
很大。沒想到在台灣完全不看公園一眼的我，那幾年坐公
園的經驗讓我對日本的公園有種說不出的依戀感，也喜歡

上日本公園的綠意與寧靜帶給我心靈上的撫慰以及讓心情可以舒緩沉澱的能力。

慶幸的是，還好我自己是個想突破現狀不願被困境打敗的人，相信著滂沱恣意的風雨為的是成就雨過天青後更出色的景致，任何絕望逆境的盡頭會有希望的缺口。尤其是大塚先生一直都陪在我身邊支持著我，那兩年他和我住在台灣的經驗讓他可以理解並同理我的這些不安與偏激的想法。於是我們開始想辦法改善，與其搬出去住，不如先從與家人之間的相處開始著手，畢竟我們的問題不是在於誰與誰不合，或是誰欺負誰這種八點檔連續劇裡的情節。

料理改變了我與家人的關係

經過多次檢討後發現最大的問題還是自己，想太多、鑽牛角尖、過度揣測他人心意和完美主義等等都是關鍵。在大塚先生的開導和婆家人的耐心配合下，我也漸漸地調適自己的生活步調與態度，慢慢在另一個國度中尋找人生的意義，以及在大家庭的日常生活裡有一個讓身心可以棲息的位置。然而最後改變我最大的竟然是料理，當我全心投入料理為家人煮一道一道他們愛吃的菜時，我也感受到料理具有一種魔力，讓我在他鄉的異國生活中找到療癒人心的力量，也讓我們一家愛吃鬼打開心胸熱絡地交流起來。

很多人曾經問我：「是不是嫁到日本後就得像印象中的日本太太一樣是料理強人？」「當了日本太太後手藝才這麼好嗎？」「在日本有上過課還是特別的訓練嗎？」其實一直在唸書的我對料理本來是一竅不通的，而且上面的問題都不是主要的關鍵，我之所以會成為現在喜愛料理的大塚太太，只因為一顆想要為家人煮美食的心，想要看到他們滿足快樂的表情。聽著他們說好吃、下次還要吃，或是要求我煮這煮那給他們吃，看著自己的家鄉菜在這裡這麼受歡迎，發現日本家人們漸漸有個台灣胃，還有兩國料理的融合激起了令人驚艷的火花等等，我都覺得自己也具有魔法了。所以對於那些大家經常問我的問題，我都回答：「我的手藝是被我們家那一群愛吃鬼訓練來的，但我甘之如飴。」

更奇妙的事情發生了，當我有一顆想為家人料理美味的心後，我與婆家間的磨合也有了很大的轉機，愛吃的一家在料理的魔法下變成了真正的家人。原本相敬如賓的隔閡在美味的食物前消失無存，有的只是享受美食的歡樂氣氛與人們最原始的食性與食欲展露帶來的坦誠相見而已。接著就請大家來看看我們家的日常料理，我選了其中具有特殊意義和紀念性的五十道食譜，在這本書裡與大家分享。

涼拌海蜇皮

婆家念念不忘的台灣婚宴菜

4人份

這是我來到日本婆家後經常會做給家人吃的一道清爽冷盤，日本家人本來就很喜歡海蜇皮，而且它還充滿了對台灣婚禮的回憶。除了我自己再增加一些食材進去外，在此還要特別介紹日本人的黃芥末吃法，別有一番風味，算是台式與日式吃法不同之處。日式黃芥末和一般常見的西式黃芥末味道不太一樣，也是日本家庭裡必備的調味料之一，可在日系的超市買到，本書附錄 p.186 有日本家庭常用調味料的介紹，大家可以翻閱參考。

材料／

海蜇皮200公克
雞胸肉200公克
小黃瓜3條
紅蘿蔔1條

調味料／

糖2大匙
醋2大匙
味醂1大匙
醬油1大匙
香油2大匙
白芝麻適量
日式黃芥末適量

作法／

1 海蜇皮用約80℃的熱水燙過後馬上沖涼，接著泡冰水20分鐘後再沖洗幾次；雞胸肉煮熟，並用手撕成小塊。

2 將小黃瓜洗淨，2條稍微削一下皮再切成小塊，一條切絲；紅蘿蔔削皮切絲。

3 把調味料糖、醋、味醂、醬油和香油加入以上的食材裡拌勻醃漬半天以上為佳。

4 吃之前撒上白芝麻，可依照自己的喜好放一點日式黃芥末提味。

TIPS

作法3中建議將材料和調味料放入食物夾鏈袋裡混合並用手搓揉一下，放進冰箱冷藏一天會更入味。吃的時候在自己的碗盤裡加一點日式黃芥末與涼拌海蜇皮稍微拌勻，這樣另類的日式吃法與台式的大蒜風味吃法很不一樣，大家不妨試試看。

青椒炒肉絲

沙茶醬魅力無比

 4人份

在英國唸書時，我和大塚先生一開始雖然是語言先修班的同學，後來我念我的教育、他讀他的商業就沒什麼交集了。直到進入寫論文的抗戰時期，有一次在台灣人的聚會上，他的一句話：「有空可以幫我煮個飯嗎？」我們才再有進一步接觸的機會，他一定是在學校餐廳吃怕了，而我反倒是廚藝愈佳。從來沒煮過飯的我，赴英之前抄了一本娘的簡易食譜，到了英國在每天自炊的訓練下，居然在學生宿舍逐漸小有名氣（不知是娘的食譜太神，還是英國食物太糟糕）。

記得為大塚先生煮的第一道菜就是這道青椒炒肉絲，也是日本當地的人氣中華料理之一，可我們家的食譜卻多放了一樣日本沒有的調味料──沙茶醬。沒想到大塚先生一吃就愛上這滋味，還說我的青椒炒肉絲是他吃過最好吃的。直到現在，只要家裡的沙茶醬沒了，他就不斷地提醒我要記得請親朋好友順道帶來，當年到底是我先魅惑了他，還是……沙茶醬！

材料／

牛肉200公克
洋蔥半顆
青椒、紅椒、黃椒各半顆
蔥段1根
大蒜片1瓣

調味料／

醬油1½大匙
糖1小匙
太白粉⅔大匙
沙茶醬1½大匙
水50毫升

作法／

1 洋蔥切細片，和牛肉一起用大蒜片、醬油、糖、太白粉、水和沙茶醬
   拌勻醃15分鐘。
2 青椒、紅椒、黃椒切成與洋蔥差不多大小。
3 將醃好的牛肉和洋蔥片放入平底鍋，炒的時候如果太乾可以加入一點
   水，快炒熟時再加蔥段與三色椒進來炒熟即可，此時可以依個人口味
   再用一點醬油或沙茶醬調味。

TIPS

醃料可視個人喜好調其比例，喜歡沙茶味重一點可以多加一些，此時醬油
就放少一點，若不喜歡甜味，糖可少放一些。

香菇豬肉炒麵

台灣菇為國爭光

4人份

　　這是我為婆家煮的第一道菜，當時公婆和小姑對台灣料理的認識，僅是片面觀光資訊裡介紹的美食和日本中華料理餐廳裡出現的菜色，所以他們可能期盼著從我這裡吃到一些熟悉的中式料理。沒想到我做的是很台式的家常菜，而且幾乎都是從台灣的娘那裡學來的，娘的菜雖然只是一般的台式小菜，對我來說卻充滿濃厚的家鄉味。

　　這樣活生生道地的台灣料理對婆家人來說是一種新鮮的體驗，本來還很擔心婆家人會吃不慣而叫我以後不用煮了，結果他們是一群喜愛嘗鮮的愛吃鬼，常常一邊吃一邊不停地讚美，給了我很大的信心。這道非常台式的香菇豬肉炒麵就是讓他們讚不絕口的料理之一，用的是台灣帶來的乾燥香菇，香氣濃郁、口感極佳，他們一吃就愛上。連婆婆煮日式料理時也喜歡用台灣香菇，她說自從認識台灣香菇的美味後，日本的乾燥香菇對她已經沒什麼吸引力了。

材料／

豬肉片150公克
乾燥香菇5朵
高麗菜¼顆
櫻花蝦適量
蔥花適量
麵條3束

調味料／

醬油3大匙
胡椒粉適量
泡完香菇留下的香菇水約50毫升

作法／

1 乾燥香菇泡水後切片，建議泡一點水就好，可讓香菇不會太軟且仍保有嚼勁；高麗菜切粗條，豬肉片切小塊；將麵條煮熟。

2 煮麵的同時起鍋熱油，將香菇擠乾水分入鍋爆香（香菇水留用），豬肉片入鍋拌炒，再加入櫻花蝦及1大匙醬油炒香。

3 放入高麗菜一起炒，並且把香菇水加進來。

4 煮熟的麵條入鍋一起拌炒，加入2大匙醬油與胡椒粉調味，最後撒上蔥花。

TIPS

・有一次做這道菜時，放了一些櫻花蝦取代在日本沒有的台灣蝦米，結果發現味道很不錯，櫻花蝦和台灣香菇居然非常對味，從此我們家的台式炒麵裡多了一點日本味。另外我用日式麵線取代台灣的油麵，麵線已經有一點鹽分了，若使用的麵條沒有鹽味，最後可自行斟酌的再加一點醬油或鹽巴調味。

・以台式作法結合日本當地食材成為我在日本的另類台灣料理方式，常常讓我在嘗試中發現許多樂趣，也確定了一件事──料理沒有絕對的內容與一成不變的方式。

簡單又好吃的日式飯糰是我剛來日本時馬上就注意到的國民美食，當早餐或肚子微餓時的輕食都很方便。至今腦海裡還留下深刻記憶，第一次吃到婆婆做的鮪魚飯糰和烤鮭魚飯糰，簡直驚為天人，因而從此深深愛上日本料理。

這樣看來似乎還滿好打發的我，其實背後要揭發的是日本米飯為什麼這麼好吃的祕訣！沒錯，日式飯糰之所以迷人的地方在於白米飯的美味，來日本遊玩吃過這裡白米飯的人一定深受感動過而吶喊著：「日本的飯怎麼這麼好吃！」我們繼續看下去就知道了。

日式飯糰

驚為天人的國民美食

2人份

材料／

白飯2碗
鮪魚罐頭（小罐）1個
海苔1張
黑芝麻鹽少許
烤鮭魚1條

調味料／

醬油1小匙
日式美乃滋1大匙

作法／

1　將鮪魚罐頭去除油分，加醬油和日式美乃滋，可按自己喜好調整分量。

2　承接上個步驟，攪拌成泥狀後包在白飯裡（白飯下預先鋪一張保鮮膜），用保鮮膜把飯包起來，左手在下右手在上做成凹狀，轉一轉、捏一捏，利用手的凹槽就可捏成漂亮的三角形飯糰了。

3　也可做烤鮭魚飯糰，將新鮮鮭魚片抹上鹽和一點酒，放入烤箱烤熟，取出去除皮和骨頭，加一點日式美乃滋攪拌成泥狀或直接包入飯糰中也可以。

4　建議可以再撒點黑芝麻鹽，要吃之前包上海苔，絕對比便利超商的好吃且安心。

 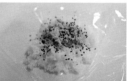  

TIPS

日本婆婆教我怎麼煮出好吃的米飯，據說這也是日本家庭主婦的基本觀念，不論是煮白米飯或雜糧飯，只要兩個步驟就搞定！

1. 米洗好後將水濾乾，加入適量的水泡水30分鐘。

2. 開始炊飯前丟1～2顆冰塊進去（記得煮飯所加的水量要將冰塊的水分分量去掉），這樣煮出來的飯就軟硬適中、粒粒分明啦！

在各種日式炊飯中，這道竹筍豆腐皮炊飯是其中最經典的，也是早期剛來日本時婆婆教我的拿手好菜之一。當時我的日文只會最簡單的那兩三句，需要大塚先生在旁幫我翻譯，結果最後大塚先生比我還清楚製作流程，沒想到這道原本是婆婆教媳婦的料理變成母親教給兒子的料理了（笑）！

後來大塚先生做得既順手又開心，省力方便又好吃，煮好了早上當飯糰、中午帶便當、晚上再拿出來配菜，真是一舉數得，而且沒有人抱怨飯都一樣，連冷掉了都還頗具風味。

竹筍豆腐皮炊飯

兒子比媳婦內行的拿手菜

6人份

材料／

米3杯
竹筍300公克
豆腐皮2片

調味料／

醬油3大匙
清酒3大匙
水或日式高湯2¼杯

作法／

1　米洗好後泡水30分，濾掉水後並在濾網下方墊塊毛巾吸水30分，將竹筍切小塊。

2　豆腐皮事先可以用熱水浸泡一下去掉一些油分，切成細丁。

3　水（或日式高湯）、清酒、醬油混合均勻。

4　將米、竹筍塊、豆腐皮和混合好的調味料全都放進煮飯鍋中炊煮。

5　煮好的竹筍豆腐皮飯攪拌一下即可享用。竹筍吃起來清脆爽口，豆腐皮讓米飯香噴噴、油亮亮的，直接品嘗或是拿來做飯糰、帶便當都很適合。

TIPS

婆婆教我米洗好後泡水30分、濾水30分是重點，這樣煮出來的炊飯粒粒分明又入味。另外建議做炊飯時水的部分用日式高湯替代，煮出來的炊飯味道更具風味與內涵，萬用日式高湯的作法也非常簡單，詳細作法請參考p.72。

第二話

台灣 VS 日本
練習做一個當地人

當我開始在日本生活以後，文化衝擊和生活習慣不同等問題接連出現，自己也漸漸有了改變。

短褲素顏NG！
骨子裡還是正港台灣人

台灣長大的我住在東京後，一直在尋找兩地文化和生活習慣中的平衡點，也多少察覺到自己的一些改變……

女兒出生前我還可以常常在台灣、日本兩地跑來跑去，但自從有了小鬼們後幾乎哪裡都不能去了，只能待在東京久久回台灣一次，日子這麼一過也差不多有十年之久。曾在無數的夜晚我努力思考與掙扎兩種文化的衝擊，這十年要説長也不怎麼長，但卻多少可以改變一個人，而這個改變，別人看得比自己更清楚呢！

女兒曾説：「媽媽！我覺得你在台灣跟別人講話嗓門很大，在日本比較溫柔耶。」我在心中吶喊著，那當然！自己的國家自己的母語我自然大聲講，連在路上罵小孩我都罵得很放心。然而，在日本帶小孩坐電車、去餐廳吃個飯我都很有壓力，當周圍安靜無聲或小聲地在講話時，就算自己是個大嗓門也該配合一下吧，我很害怕會克制不住用台語大聲罵小孩。只能説在這個連看電影都沒什麼人敢盡情哭笑的環境下，要大聲表達心裡的想法還真是需要勇氣啊！

台灣的娘也曾說：「女兒！我覺得你變得很有禮貌耶。」
在日本幾乎人人「請、謝謝、對不起」掛嘴邊，連家人之
間也是，害我回台灣動不動也在說：「請、謝謝、對不起」
外加彎腰鞠躬。這個舉動常讓台灣的親朋好友很不習慣，
好像我以前不太有禮貌似的。我記得剛結婚時，大塚先生
曾抱怨過，覺得我沒禮貌不常跟他說謝謝，那時我還認為
是這位先生太小題大作。後來跟婆家的人住一起才發現，
就算是連最親的家人之間，「請、謝謝、對不起、辛苦了」
都是不離口的，如今自己也變成如此，唉！我這個已被潛
移默化的假日本人！

此外，台灣的夏天，穿上短褲、夾腳鞋幾乎到處都可以去，
三天不化妝也沒人說你怎樣。在日本這裡，去不同的場所
都要斟酌一下自己的服飾，我還記得婆婆第一次慎重地提
醒要去銀行辦事的我，「穿正式體面一點，別讓銀行裡的
人小看了我們！」其實婆婆沒有什麼意思，只是把她長年
來的經驗告訴我而已，「原來日本人很在意外表的裝扮！」
就這樣清晰地在我心中留下了記號。果真，如果哪天早上
太趕來不及化妝送小孩上學，媽媽們還會問：「今天氣色
不太好，是不是身體不舒服啊？」於是一起床馬上化妝變
成了我的習慣，沒化妝好像沒穿衣服是出不了門的。而且
在這個重視裝扮的國家裡，外表真的不能不修飾一下，這
幾年來的個人經驗告訴我，適度合宜的打扮在這個國家比
較可以獲得相對的尊敬與對待。

台灣長大的我住在東京後，一直在尋找兩地文化和生活習慣中的平衡點，也多少察覺到自己的一些改變。然而讓我更有感觸的是，個性上變得比較內斂與圓滑，一方面可能是年紀成長的關係，一方面是這幾年跟日本親友們周旋下來，發現自己說話不再那麼直來直往，怕把日本的親友們嚇到。有些事情還是擺在心裡不要明說的好，因為日本人的表面功夫做得是一流的，很難知道他們心裡真正在想什麼。可是有一天，我的一位日本好友居然對我說，很羨慕我們這種有話直說的個性，跟我相處讓她感到輕鬆愉快！從那一天起，讓在有意無意中入境隨俗配合日本文化和生活習慣的我，也開始思考如何在文化的衝擊下保持自我。

體會到日本的好
卻也有點想家

在我們做事比較豪邁且大剌剌的台灣人看來，日本人很龜毛，但另一方面我們又不得不佩服人家細膩的心思與堅守到底的精神。

來到日本後，我很喜歡走路，在台灣不太走路的我，卻愛上了在日本路上散步的樂趣。說真的走在東京的路上很舒適，除了這裡的障礙物比較少外，路上的花花草草和每戶人家的庭園景觀，都讓我走得很愜意開心。日本的路樹和許多住家的庭園，似乎是經過精心設計般，每一個時期都有不同的花朵綻放，讓四季的風情展現無遺。

喜歡走在東京安靜舒適的巷弄裡，欣賞每一戶人家的模樣與庭園裡的花卉。剛來日本時還很訝異地發現，住宅區裡很少有亂停的車子，後來才知道原來這裡規定要買車子的人必須先提出停車證明，也就是說要先確保停車位才有買車的資格。雖然我曾用懷疑的口吻問大塚先生：「難道沒有人買了車後再去退租停車位嗎？」大塚先生吃驚地回答：「這樣做對他們有什麼好處？而且會給四周鄰居帶來麻煩的！」哈哈……，問了這個問題後怎麼有種以小人之心度君子之腹的錯覺。後來自己住下來還體會到一件事，有清淨的環境才有蒔花弄草的好心情。

很多人來日本旅遊也會感受到不論是鄉間小路或城市的大馬路，都給人一種感覺——乾淨。我也曾探討為什麼日本會這麼乾淨，在這裡住了幾年後我終於懂了，最大的原因不是嚴格的法律或罰款，也不是特別辛勤的道路清掃人員，而是人們習以為常的觀念和自然而然的行為。我看見婆婆細心地垃圾分類，她做得很理所當然，從來沒有一句怨言；我看見媽媽朋友們在公園野餐後，大多會把垃圾收集起來帶回家做垃圾分類；我看見街坊鄰居每天清掃居家四周，一遇積雪馬上出門剷雪，為的是能清出一條路來讓車方便行走。所以，一個國家人民的自動自發，大大贏過明文規定的法律和罰款，遠遠勝過大批的清掃人員，而且還可以細水長流淵遠流長，一代傳一代下去。

震撼人心的日式龜毛

在這裡住下來後最令我感觸頗深的是，日本人對小事重視的態度。在我們做事比較豪邁且大剌剌的台灣人看來，日本人很龜毛，但另一方面我們又不得不佩服人家細膩的心思與堅守到底的精神。記得有一次和媽媽朋友們在飯店裡享用吃到飽午餐，在拿取食物的時候，一位印度籍媽媽問我們哪些菜才是素食者可以吃的，放眼望去很可惜地發現只有幾樣而已。沒想到回到座位上沒多久，服務人員送來主廚為那位印度籍媽媽做的素食蔬果三明治！原來服務人員聽到了我們的對話，細心地向廚師傳達了客人的需求，那份看起來美味十足的素食三明治當場溫暖了在座的人，尤其是我們幾位外國人的心。

還有一次兒子好不容易扭蛋扭到自己最喜歡的電影系列人物，但卻發現少了一隻手，婆婆不願看到傷心的小臉蛋，於是撥打服務電話過去抱怨了一下，對方留下我們的住址說會寄一份新的來補償；過幾天，一模一樣完好的商品寄來了，裡面還附帶一封抬頭寫著給大塚小弟的道歉信。從這些小事上多少可以看出日本人的處事態度，其實他們可以不必做到這樣的地步，但卻願意選擇做到最好的程度。

這些再細小不過的細節，有誰會去督促你，有誰會因為這樣做了就可以得到加薪或升遷。然而在這裡住下來沒多久的我，早已無數次被日本人這種細心的態度與心思所感動，深深敬佩著這些願意主動將微不足道的小細節都考量到的作法。因此在日本觀察到的許多事情中，這種處處可以看到日本人重視細節的一面是我這個台灣人感到最震撼人心的地方。不禁讓人深思，這樣的做事態度和細膩的思考方式是不是通往成就大事的一大關鍵。

不過整個日本社會普遍呈現一種高壓嚴謹的狀態，是我比較不喜歡的地方，總是令人有種喘不過氣來的感覺。日本人在要求自己盡力做好一切，不要帶給他人麻煩的同時，也以同樣的標準去期待別人。所以我都對羨慕我能在日本生活的朋友說，日本這個地方是一個很棒的旅遊勝地，來玩很好玩，但住下來就不這麼好玩了，連我自己偶爾都想回台灣去呼吸一下自由奔放的空氣呢！

成為真正的一家人

我們從陌生害怕、互相揣測對方心思，經過了一些風風雨雨，到後來終於成為真正的一家人……

常聽人說，要跟公婆保持距離日子才會和平，也有人說，婆媳之間永遠是一個無解的問題；但對我來說知道這些都太晚了，因為我一來就跟公婆住在一起，雖然我們平常是有各自的分層空間，但畢竟還是同住一個屋簷下。所有大家想得到生活細節上的不便、世代觀念的差異、生活中各種會發生的問題與衝突等等，都有可能在我們家上演過，更何況我們之間還多了國籍、文化和語言的不同。

所幸這十年一路走來，我們從陌生害怕、互相揣測對方心思，經過了一些風風雨雨，到後來終於成為實質的一家人。願意付出真心互相接納關懷，也理解到每個人都不是完美的，唯有家人才能敞開心扉相互體諒。與婆家相處的這十幾年來，我一直相信著人和人之間的相處就像一面鏡子，你怎麼呈現你的樣子，別人就怎麼反射回應你，拿出真心待人一定也會有相同的對待，更何況是一家人。

壽司
Sushi

煎餃
Gyoza

燉鮮奶
Cream Stew

馬鈴薯沙拉
Potato Salad

目前對我們來說，住在同一個屋簷下有個大問題，而且這個問題還經常發生，那就是，我們家的每一個愛吃鬼在外面看到好吃的東西，都會買足家庭成員的分量帶回家一起分享，一種獨樂樂不如眾樂樂的想法。於是就會有這樣的狀況，在同一天裡小姑買了一盒馬卡龍，我買了一些蛋糕，婆婆買了鯛魚燒；或是婆婆買了甜甜圈，我買了一盒起司塔，小姑買了期間限定的巧克力餅乾，加上還有一位會亂買超商零食的公公，讓人好糾結到底要吃哪一樣，再吃下去都變皮球了啊⋯⋯

屬於大塚家的點菜制度

一家子住在一個屋簷下每天最頭痛的問題應該就是「晚餐」，無論是誰來煮飯都是一件非常辛苦的工程，因為它不是一餐兩餐的事，而是天天都會面臨的。大家一定很想知道，我們一家子是如何處理吃的問題？其實我們家也是在一段長久地磨合調適後，漸漸才演變出現在實施的「會議點菜制度」。每天早上大家會在早餐時間開個小會議，把今天晚餐想吃的菜說出來，定案之後，哪樣菜是哪一個人拿手的，就由那個人負責料理。大致來說，婆婆主要負責日式料理，我負責中式和西式，大塚先生是關東煮、燒鳥、壽司和拉麵達人，小姑則是各種甜點和麵包烘焙專家，大塚爺爺和小鬼們這一組就是乖乖等著吃，雖然公公堅持他也有拿手的料理，只是沒有人會點他的菜而已。

這種會議點菜制度進行得還算不錯，可以把每天的菜色均衡統整，也不會讓煮菜的工作獨落在一個人身上。只不過有時也會發生誰也不讓誰，或是某人（大部分是大塚爺爺）太過任性的時候，於是就會有這樣的情況發生，餐桌上的北海道燉牛奶有人配麵包，有人則是堅持要配豬肉餡餅；或是一邊吃關東煮一邊吃煎餃配白飯、台式炸豬排配西式烤乳酪這種不中不西又非純日式的晚餐出現。還有，我問今天要吃哪一種炸物？大塚爺爺說豬排，大塚先生說章魚，小鬼們說炸雞塊，通常為了應付這些不同的要求，我只好全部都炸了。一個屋簷下，七嘴八舌很熱鬧、餐桌上的菜色也很熱鬧！小姑畫出了我們家每個人的拿手料理，這種富有國際色彩的晚餐算是我們一家同在一個屋簷下的一大樂趣。

找到彼此的平衡點

如果要說一大家子住在一起有什麼值得推崇的，對我們家來說，凡事可以分工合作和集結眾人力量是我最有感受的地方。例如，在每天猶如戰場的早晨，要輕鬆做出一個便當真的很不容易，所以早起的大塚婆婆先做好一部分，我再接手繼續完成。有一次她做了拿手的五目御飯，我接力將五目御飯包成稻荷壽司，再順便把眼睛、嘴巴通通放上去後，就變成卡通造型的稻荷壽司便當，那天小鬼們吃得超級開心，這道食譜也會在本書裡介紹。

我們家其實有很多事情是大家一起協力完成的，當然背後也有許多磨合與衝突，但就在不斷地磨合中互相豐盈了彼

此、找到之間的平衡點，發展出一套大塚家自我流的生活方式。相信我們家三代同堂的磨合仍然會持續下去，也確信在大家分工合作下完成的事情有它美好與歡樂的一面。如果我是小鬼們，我會很開心自己在一個熱鬧又溫馨的三代同堂大家庭中成長，每每想到這裡，一路走來的許多心情點滴都釋懷了。幸福不必刻意去尋求，幸福一直都是在隨手可得之處，身邊能有家人在一起吵吵鬧鬧就是一種幸福，這樣想……三代同堂還真不錯呢！

婆家與娘家的兩對寶

國台日語攏嘛通

世界上最大的距離與隔閡不是國籍和語言，
而是人們的心……

我們家在台日兩地有兩對寶——公婆和爸媽。從這兩對寶互動的過程中我體會到許多事，其中一直得到印證的就是，能夠拋開心中小框框的人才有能力擁抱全世界。這兩對寶雖然年紀已大，但想擁抱世界的心卻不落人後，在他們身上我也深深感受到，世界上最大的距離與隔閡不是國籍和語言，而是人們的心。

公婆和小姑自從來過台灣後就非常喜歡台灣，每次我和大塚先生回台，他們無論如何說什麼也要跟。自從有了小鬼們不能像以前那樣頻繁回台後，他們居然開始嘗試自己去台灣找我家爸媽。記得有一次大概是太久沒回去了，這兩位老人家等不急，小姑幫他們上網訂機票和飯店時順便也把自己的份給訂了，宣布他們要去台灣三天兩夜！到了台灣後還跟爸媽約好，大家來一趟北京烤鴨饗宴和鶯歌一日遊，公婆、小姑講自己的日語，爸媽說他們的國語加台語，這樣竟然也會通！五個人相安無事地玩得很開心，照了些難得沒有我們的照片，也帶了一堆戰利品及土產，順便相約一年後再相見。

果真自從那一次後，公婆和小姑幾乎每年訪台一次，每次都是故意選我們不在台灣的時候單獨和爸媽出遊。為什麼每次都故意選我和大塚先生不在的時候去呢？我本來不太能理解，一直覺得可能是他們喜歡比手劃腳，語言不通但心相通的話也可以很開心。雖然事實也是如此，他們同遊數次後也找到了彼此之間的相處模式，還樂此不疲地期待下一次；但後來我多少知道了真相，雖然是猜測但應該也八九不離十，這其實是兩地家人對我的疼惜。

婆家知道我每年久久回一次台灣，希望我在家鄉難得的時光裡充分過自己的生活，盡情享受和親朋好友團聚的分分秒秒。如果還在這個時候拜訪台灣，那我一定又要開始忙碌，於是才故意選在我解完鄉愁回日本後，再去解他們的台灣中毒症。而台灣的爸媽總是很貼心，竭盡所能地盡地主之誼，幫我照顧得好好的讓我無後顧之憂。我會把這份心意放在心上不會去揭發出來，因為親情就是一種心甘情願和無怨無悔，但我們要用心體會懂得珍惜，就讓他們繼續比手劃腳下去吧。

比較擔心的是，每次我在跟大塚先生説，以後小鬼們長大有自己的生活時，我想回家鄉養老。大塚先生聽了總是回答：「那我也要跟！」連後面的大塚爺爺也跟著説：「順便也把我帶去！」想到到時我要帶著一群外國人回台灣養老時，台灣的爸媽可能會比較想到日本養老吧（笑）！

未來想當個日本式阿嬤

台灣的公園裡到處可見阿公阿嬤帶著孫子們在走跳，日本的公園裡卻清一色都是媽媽自己在奮鬥著。

有了小孩後，一開始我很不習慣的是，日本的公婆並沒有像台灣的爸媽那樣積極地幫忙照顧孫子。台灣的公園裡到處可見阿公阿嬤帶著孫子們在走跳，日本的公園裡卻清一色都是媽媽自己在奮鬥著。我也曾向大塚先生質疑，為什麼日本的阿公阿嬤不像台灣那樣將孫子帶在身邊照顧，如此我們也會比較輕鬆；但我發現就算是連住在同一個屋簷下的大塚先生也很不好意思向自己的爸媽開口要求照顧孫子一事，除非是真的分不開身或是有緊急事故發生，公婆才會伸出援手。

記得有一次女兒把一顆小珠子塞進自己的鼻子裡很痛苦，必須趕快送醫院，當時為了避免尚未滿一歲的兒子出入醫院受到感染，公婆主動幫忙照顧，讓我們可以安心去醫院。在日本如果真的找不到人臨時幫忙看小孩，媽媽只好以一打二全部都帶到醫院裡去了，這樣的情形其實比比皆是，我還算幸運的，有公婆住在身邊幫我一把。

縱然是住在身邊，我也發現日本阿公阿嬤的觀念普遍和台灣不同，他們認為照顧小孩是爸媽自己的責任，在育兒的路途上無論多麼忙不過來，多麼困難重重，都是身為父母自己必須經歷的。當阿公阿嬤本身的育兒工作已告一階段，換自己的小孩去面對這個天經地義身為父母的責任時，已邁入老年的自己反倒應該把重心放在生活上，做做自己有興趣的事情才對。也因為是這樣的觀念，所以日本的阿公阿嬤不會插手父母養育和管教小孩的問題。如果請教他們的話，他們可以提供建議，但卻不會直接告訴我們應該怎麼做，父母才是最主要的主導者。

多年後當我在育兒的工作上累積了一些經驗，還滿認同這樣的親子教養觀念，我期許自己以後也要做一個日本式的阿嬤。現在我都告訴小鬼們：「媽媽以後不會幫你們照顧小孩，你們要有能力與覺悟，生幾個都自己顧」。我和大塚先生可要好好過自己的老年生活，因為金錢可以儲存但光陰不能，於是如何花時間遠比如何花錢來得重要。我想身為子女也會很開心父母到老該多花點時間在他們自己身上，而養育小孩才是父母本身最沉重卻最甜蜜的負擔。

卡通便當&日式漢堡排

傳說中日本媽媽的強項

2人份

　　一直以為日本媽媽很厲害，每天早上很早起床為小孩做卡通造型便當，所以我家小鬼們在幼稚園時期，我也做了不少。後來在幾次校外教學和學校教學觀摩時我才發現，日本媽媽很會做卡通便當一事只是我們嚇自己的傳聞！

　　一眼望去根本沒什麼人帶卡通便當，反倒是我出名了，大家聽聞我常為我家小鬼做卡通便當，於是搶著跑來參觀。害我懊惱自己花了許多青春在卡通便當上到底是不是一件好事？除了在小鬼們的學校裡塑造台灣媽媽很會做便當的形象外，我家小鬼們從此動不動就叫我做卡通便當給他們啊（泣）……

　　起床做早餐和便當已經一個頭兩個大，如果小孩還要求製作卡通便當，照樣在30分內完成才算打一場漂亮的仗。跟大家分享這個卡通便當快速完成的祕訣，事先做出漢堡排，當天煎好就可以做造型了。

材料／

日式漢堡排（約5個）

豬絞肉200克
牛絞肉200克
洋蔥末半顆
牛奶100毫升
麵包粉1杯（200毫升）
蛋1顆
鹽適量
胡椒粉適量
番茄醬2大匙
伍斯特醬2大匙

卡通便當

煎好的日式漢堡排2個
起司片2片
白飯2碗
海苔1片
火腿片1片
香腸2根
小番茄數顆
花椰菜數朵

作法／

日式漢堡排

1 洋蔥末炒到焦黃色，放涼。

2 麵包粉用牛奶浸泡後倒入料理盆內，再加入豬絞肉和牛絞肉、蛋液、炒好的洋蔥末、鹽和黑胡椒，用手攪拌至均勻。

3 用雙手互拋拍打的方式做成一個約100公克的漢堡排，可以多做幾個用保鮮膜包起來，放在冷凍庫裡備用（冷凍的漢堡排需退冰後再煎熟）。

4 平底鍋中放一點油煎漢堡排，先用大火煎30秒再轉小火蓋上鍋蓋煎4分，翻面後開大火30秒再轉小火蓋上鍋蓋煎4分，用筷子插一下，若沒有流出血水代表裡面已經煎熟。

5 把番茄醬和伍斯特醬以1：1的量混合做成醬汁，淋在煎好的漢堡排上。日式漢堡排在日本大多拿來配白飯吃，也可以跟麵包一起享用。

作法／

卡通便當

1 在煎好的日式漢堡排上放起司片。

2 把白飯用手捏成狗狗的頭型，手沾溼後抹一點鹽在手上捏飯糰，這樣手比較不會沾黏飯粒且飯糰會有一點鹽味。

3 起司漢堡排擺在飯糰的下方，用海苔剪出眼睛、嘴巴、鼻子、耳朵和頭髮，用小夾子夾起剪好的五官，沾黏在飯糰和起司漢堡排上。

4 用火腿片剪成腮紅，放在臉頰位置。

5 將香腸切一半，底部用刀子切成8等分，並在上方劃一刀做出開口笑的模樣，在平底鍋裡煎熟或用水煮熟，就能做出自然張開的章魚腳了。

6 放上小番茄、煮好的花椰菜（水滾後加一點鹽和橄欖油拌一下）。

TIPS

· 伍斯特醬（ウスターソース）在日系超市裡可以找到，若沒有也沒關係，用番茄醬加一點醬油膏也是可以的。

· 動手做幾個日式漢堡排冷凍起來以備不時之需，還可以拿來變化出人見人愛的卡通造型便當，真的非常好用喔！

親子丼快速便當

早晨戰場的祕密武器

2人份

在日本當家庭主婦後，每天早上一起床就是戰場，一天中有幾場仗要打，其中最大最激烈的就是早晨！尤其星期一的早晨最忙，忙著適應一個禮拜的開始，準備早餐、便當和吼小鬼們起床……

當全部的事要同時進行時，這時可以快速完成又好吃的便當就是親子丼，小鬼們都說：「親子丼那微甜的蛋汁滲透到白飯好好吃，可不可以多帶一些呀？」

材料／

雞腿肉150公克
洋蔥1/4顆
蛋1顆
水100毫升

調味料／

日式柴魚醬汁（めんつゆ）2大匙
日式高湯粉2/3小匙
砂糖1小匙

作法／

1 將洋蔥切小塊，雞腿肉切塊。

2 鍋中放入日式柴魚醬汁、日式高湯粉、水和砂糖（甜度可自行調節），加入洋蔥和雞腿肉煮滾。

3 蓋上鍋蓋，以中火將雞肉煮熟。

4 打開鍋蓋後加入蛋液攪拌一下，關火（蛋若要熟一些可再煮久一點）。

5 盛裝後可以撒一點海苔絲，加一點綠色的青菜讓視覺與味覺更出色。

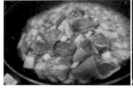

TIPS

我會用保溫飯盒來裝親子丼，另外再準備點小菜就好了，例如水煮花椰菜、小番茄和馬鈴薯蛋沙拉（食譜請參考p.128）。身為台灣人的我，其實大部分都讓小鬼們帶保溫飯盒上學，那種冷冷的便當只適合卡通造型的啦！

生菜沙拉&沙拉醬

4人份

　　來了日本後，發現日本人幾乎餐餐可以吃生菜沙拉，外面餐廳的定食或套餐裡也會附沙拉，久而久之自己也吃習慣了。另外，日本的超市販售琳瑯滿目各種口味的沙拉醬，可見得沙拉在日本人的飲食生活中占了一個很重要的地位。

　　婆婆教我將洗好的生菜泡過冰水後，放進保鮮盒裡再冷藏起來，任何時候都能拿出來使用，盡快吃完就好，雖然會出一點水但口感還是很清脆。我的三餐從此常常有生菜沙拉的出現，做的料理也會拿沙拉來當配菜。

　　其實除了生菜外，還可以跟水果和煮熟的蔬菜一起搭配，沙拉醬也可以按照自己的喜好來調配，這是一道非常隨興的料理，以下是我的搭配與作法，大家可以自由發揮。

材料／

各式生菜隨意
南瓜切片數片
茄子切片數片
小番茄數顆
豬肉片數片
椰子油1大匙

調味料／

橄欖油4大匙
白醋2大匙
新鮮柳橙汁4大匙
鹽少許
黑胡椒少許

作法／

1 各式生菜洗淨後泡過冰水口感會比較清脆;生菜擺盤,放上小番茄。

2 用椰子油將南瓜片和茄子片煎熟,放至微涼後再排列在生菜上。

3 豬肉片煮熟放涼後也一起放上去。

4 將全部的調味料調勻就是一款清香爽口的法式香橙沙拉醬,淋在生菜上即可享用。

TIPS

可以用1大匙蜂蜜來代替調味料中的新鮮柳橙汁,做出來的「蜂蜜法式沙拉醬」也很棒的。我很喜歡在早晨烤個麵包、泡杯熱茶或咖啡,打開冰箱把沙拉拿出來搭配,再吃顆水果,豐盛的早餐讓人神清氣爽卻一點也不忙碌。

我的婆婆是道地的東京人，東京的地方料理應該是文字燒，但我們家婆婆的大阪燒好吃到吃幾片都不膩，因為她有一個祕訣，加了一樣東西就讓整個大阪燒變得鬆軟綿密，連大阪人都說道地。擁有不敗祕方的大阪燒製作過程非常簡單，誰來做都不敗！

大阪燒

征服大阪人的味蕾

2人份

材料／

低筋麵粉1杯（200毫升）
柴魚高湯粉1大匙
水1杯（200毫升）
蛋1顆
山藥泥2杯
豬絞肉200公克
蔥4根

沾醬／

日式炸豬排醬適量
日式美乃滋適量
柴魚片適量
綠海苔粉適量

作法／

1 將低筋麵粉和柴魚高湯粉加水拌在一起，拌勻即可。

2 將山藥泥和蛋液攪拌均勻。

3 再將作法1、2攪拌在一起後，放入豬絞肉和切好的蔥花拌勻，蔥花可依個人喜好增減。

4 平底鍋中加一點油，放入拌好的作法3，兩面煎成金黃色。

5 依個人喜好淋上沾醬享用，若麵糊裡加入櫻花蝦和高麗菜也很美味。

TIPS

這款大阪燒食譜，可依照自己喜歡的食材做變化，只要記得一定要加入「山藥泥」，它就是祕方喔，這樣口感才會鬆軟滑嫩。喜歡口感更潤滑的人，山藥泥的量可以再增加一些，但煎的時候困難度也會增加，建議可以煎小塊一點比較好控制。

大家喜歡吃日式炸豬排嗎？跟大家分享一個人氣新吃法——千層起司酪梨炸豬排，比傳統炸豬排吃起來更清爽！我做的方式是豬肉片裡夾起司和酪梨泥，買不到酪梨或不喜歡酪梨的人可以只夾起司片也不錯。有次我在日本的美食節目上看到這樣的作法，後來模仿一次做成功後就愛上了這種清爽的酪梨泥口味，大家也可以試試看。

日式千層起司酪梨炸豬排

清爽人氣新吃法

2人份

材料／

酪梨1顆
豬肉片（約0.3公分厚）6片
起司2片
低筋麵粉適量
蛋1顆
麵包粉適量
油適量

沾醬／

日式炸豬排醬

作法／

1　酪梨搗成泥狀。

2　拿1片豬肉片，放上1片起司。

3　起司上再放1片豬肉片，塗上一層酪梨泥。

4　最後蓋上1片豬肉片，照作法1～4的步驟完成2大塊豬排。

5　將豬排依序兩面均勻沾裹低筋麵粉、蛋液、麵包粉。

6　鍋中倒入可以蓋過整個豬排的油量，熱油至180℃，將豬排炸到呈金黃色並浮起來後，再炸1～2分，過程中請翻面數次。炸好後切塊，淋上市售的日式炸豬排醬即可，非常下飯。

TIPS

無法確認油溫是否為180℃的話，可放一點麵衣進油鍋中，當麵衣沉下去後馬上浮起就表示可以炸豬排了。如果切開炸豬排後發現裡面部分沒熟，補救方式可以放進烤箱裡烤一下。

日式蔬菜豆腐雜煮

歐卡桑的味道

8人份

　　當天氣漸漸轉涼後，早晚如果能喝一碗熱騰騰的湯，裡面有滿滿的蔬菜和清爽淡雅的湯頭，讓人打從心底溫暖起來，就好像媽媽對我們的愛一樣！這道日式蔬菜豆腐雜煮（けんちん汁），在日本是母親的料理代表，幾乎都是上一代教給下一代，每家作法與內容雖然不太一樣，但都是媽媽的味道。

　　幾年前大塚婆婆把她的筆記交給了我，我就瞭解到該是我來做這道菜給小鬼們，讓他們也能記住媽媽的味道，我們家的作法是這樣的。

材料／

里芋（小芋頭）4顆
白蘿蔔1/4根
紅蘿蔔1根
茄子2個
牛蒡1根
乾燥香菇8朵
鴻喜菇1包
豆腐2盒
蒟蒻2包
竹輪麩2條（日系超市有賣若買不到可省）
日式高湯3公升
醬油100毫升

作法／

1　各種蔬菜切小塊，乾燥香菇加水泡軟後切小塊，鴻喜菇洗淨；茄子、牛蒡、里芋切小塊後泡水10分鐘，濾乾；將備好的蔬菜用1大匙油炒熟。

2　用手將蒟蒻撕成一塊一塊的，竹輪麩切塊，連同炒好的蔬菜全部放進大鍋中。

3　再倒入日式高湯，煮至沸騰後繼續煮20分鐘。

4　豆腐用湯匙舀成一塊一塊的放進大鍋，用醬油調味，最後再煮10分鐘。吃的時候日本人還會加些七味粉來提味，個人推薦柚子七味粉，清香中帶點辣味。

TIPS

· 蒟蒻用手撕一塊一塊的、豆腐用湯匙舀一塊塊不規則形，都是為了在烹煮的過程中能更入味。

· 日式高湯可事先做起來備用（請參考p.72），如果使用市售高湯產品請依照其指示製作。

· 這道料理第二天的味道會更入味好喝，建議此時可以加一些烏龍麵進去，多一種不同的吃法。

北海道燉牛奶

從零做起的自然風味

我們家的北海道燉牛奶是小姑的拿手菜，不僅親手從零開始做起，全都是食材的原汁原味，喝起來溫和卻充滿蔬菜的甜美和濃濃的牛奶香，爽口卻令人口齒留香回味無窮。喝慣了自家的北海道燉牛奶，再喝用市面販賣的醬料做成的湯頭時，只覺得少了一種溫柔的感覺。如果你也是崇尚自然風味，那更要來看一下怎麼做的囉！

4人份

材料／

雞肉300公克
馬鈴薯4顆
奶油15公克
洋蔥1顆
紅蘿蔔1根
水200毫升
鴻喜菇（或其他菇類）1包
月桂葉1片
法式清湯高湯塊4個（40公克）
牛奶700毫升
鹽適量
水煮花椰菜（裝飾用）

白醬材料／

奶油50公克
低筋麵粉50公克
牛奶600毫升

作法／

1. 雞肉切塊後先用少許鹽抓一抓，馬鈴薯切塊後泡水，備用。大鍋中放入奶油15公克，將雞肉兩面稍微煎一下。
2. 再放入切成塊狀的洋蔥、馬鈴薯、紅蘿蔔一起拌炒。
3. 加入水以中小火燉煮，並放入鴻喜菇、月桂葉（葉子邊緣撕開幾處）和法式清湯高湯塊一起煮15分鐘左右。
4. 在燉煮的過程中，取另一個平底鍋開始製作白醬，放入奶油50公克，開中火使其慢慢融化；當奶油半融時關火，加入用濾網過篩的低筋麵粉。
5. 在熄火的狀況下攪拌均勻後，再開中火繼續攪拌至黏稠狀。
6. 再度關火，加入牛奶攪拌均勻。
7. 再開火煮到出現黏稠狀後白醬就完成了。
8. 從大鍋中取出一些湯倒入白醬中，用攪拌器使其均勻融合。
9. 承接上個步驟，再將白醬倒回大鍋內攪拌均勻，此時湯已和白醬完全結合。
10. 加入700毫升的牛奶煮滾後取出月桂葉，用鹽調味即可。

TIPS

請特別注意製作白醬時的細節，持續攪拌是一大重點，白醬做得順手後，不只濃湯，連焗烤、白醬義大利麵、燉飯等料理不用再靠市售醬料就都能輕易地自己料理了。另外，這道料理也可以做成海鮮版的北海道燉牛奶。

日式萬用高湯

提升風味層次的料理幫手

　　每次台灣的爸媽來日本都會讚嘆一下，這裡的味噌湯好好喝喔！其實味噌湯顧名思義除了放味噌外，我們都會加日本料理中不可或缺的日式高湯（だし），是一種用昆布、魚干、香菇等提煉出來的日式高湯。

　　日式料理非常重視高湯的使用，不論味噌湯、茶碗蒸、煮物、炊飯等等，只要加了日式高湯，整個風味和層次感都會不一樣了。因此我們家都會做一壺日式高湯冰在冰箱裡備用，作法簡單卻用途多多，這個食譜還是日本著名專賣湯品的連鎖店提供的黃金高湯作法，必學！！

材料／

昆布4片
柴魚片10公克
乾燥干貝1個
乾燥香菇1朵
水1.5公升
拋棄式茶包袋1個

作法／

1 昆布表面用乾淨的濕布擦拭一下，將柴魚片裝進拋棄式茶包袋中。

2 將昆布、柴魚片茶包、乾燥干貝、乾燥香菇放進1.5公升容量的水壺裡，倒入水。

3 放入冰箱備用，至少泡了一天才可以使用，請在一星期內用完。

4 做好的高湯也可用來製作炊飯。

TIPS

日式高湯非常好用，最常拿來煮味噌湯、炊飯和各式湯頭，直接用來取代水就可以煮出味道頗有深度的料理，讓湯頭更具風味。如果喜歡味道重一點，可以將上述各項食材加重分量，高湯做好後放在冰箱裡隨時都可以拿來使用。另外也可以只放昆布和柴魚片就好，湯頭會比較清澈，適合拿來煮關東煮和清湯類的料理。

打破日本人對粥的迷思

台式蒜味香菇絞肉鹹稀飯

4人份

　　日本人對粥的看法是病人才會吃的，本來就沒什麼興趣，但台式鹹粥在他們眼裡卻不是如此。每一次家裡有人生病我就會煮一大鍋的鹹粥，除了病人外，背後有一堆日本人在等。因為自從他們吃過我煮的鹹粥後，知道原來粥也可以放這麼多的好料，味道香噴噴的，連不是病人都會拿碗來分。還會邊吃邊用很滿足的口吻對我說：「其實這種粥可以多煮一些啦，不用等到有人生病才煮⋯⋯」

材料／

豬絞肉250公克
水適量
乾燥香菇5大朵
大白菜數大片
高麗菜¼顆
玉米罐頭1小罐
蔥1根
飯3碗

調味料／

醬油2大匙
糖1小匙
大蒜1瓣
鹽適量

作法／

1 先把豬絞肉用醬油、糖和切好的大蒜片醃過，放進鍋中加一點水，蓋上鍋蓋用中小火燜煮10分鐘逼出肉汁。

2 所有蔬菜切好，連同玉米粒放入鍋一起燜煮5分鐘（記得蓋上鍋蓋），蔬菜會釋放出甜美的水分。

3 把香濃的肉汁與蔬菜釋放的水分一起拌勻。

4 加進雜穀飯（或白飯）和水，再蓋鍋蓋用小火煮30分（過程中攪拌數次）、燜20分，最後加鹽調味、撒上切好的蔥花即可。

TIPS

我用的是可以無水烹煮的鑄鐵鍋，密封性高所以可以利用蔬菜本身的水分來燜煮，若使用普通的鍋子可以在燜煮絞肉與蔬菜的時候多加一些水進去。此外，若喜歡比較細緻綿密的口感，整鍋粥可以再燜煮久一點。

阿嬤的滷肉

宇宙超級好吃得要死！

 4人份

　　每當小鬼們説想念阿嬤的菜時，我就會憑印象煮幾樣給他們吃，有時也會打電話回去問娘，但小鬼們説好吃後總是會再加上：「還是阿嬤的比較好吃！」那是當然的，薑還是老的辣啊……

　　在多次的嘗試過程中，終於有一道菜他們説是一樣好吃的了，那就是──阿嬤的滷肉。後來我自己還多加了冬粉進去，大家都説是個很棒的點子，冬粉吸了滿滿的滷汁後居然和白飯非常對味。阿嬤的滷肉其實很簡單樸實，沒有過多的調味料，但卻非常下飯，媽媽的味道總是最溫馨難忘的。我們家的日本人還給它取了個名字，バカうま丼（馬鹿美味丼），意思類似：宇宙超級好吃的要死飯！

材料／

豬絞肉400公克
梅花肉400公克
大蒜2瓣
蔥段2枝
蔥花適量
蛋4顆
油豆腐4塊
雞肉丸（或貢丸）數粒
冬粉一包

調味料／

醬油適量
砂糖1大匙
料理酒1大匙

作法／

1　將梅花肉切塊，大蒜切片，蛋先煮熟成水煮蛋。

2　將一半的蒜片爆香後下梅花肉略為拌炒，加1大匙醬油和砂糖過色炒2分至香氣出來，再用料理酒嗆一下，盛盤備用。

3　另一半蒜片和蔥段爆香炒豬絞肉，加1大匙醬油炒香，把剛剛炒好的梅花肉放進來一起炒。

4　再放入水煮蛋、雞肉丸、油豆腐等，加水剛好蓋住食材至8分滿後再用適量醬油調味，煮滾後蓋上鍋蓋以小火燜煮30分鐘（過程中攪拌數次）。

5　打開鍋蓋後放進一把泡過水的冬粉，再蓋上鍋蓋燜煮，當冬粉煮軟後再攪拌一下，盛盤撒上蔥花。

TIPS

· 水煮蛋、油豆腐、雞肉丸（或貢丸）和冬粉可隨個人喜好加入，不加也沒關係。

· 水蓋住食材8分滿的地方，再以醬油調出自己喜愛的濃度，當全部的食材在燉煮的過程中慢慢入味時，最後放進冬粉剛好將多餘的醬汁吸掉，是非常下飯的一道菜。有時我還會加毛豆和玉米粒進去，小鬼們特別愛吃，會多吃一碗飯。

台式炸雞&日式炸雞

兩國炸雞大PK

一開始我們家都是吃日式炸雞（唐揚げ）吃得很開心，本來在日本的炸雞就是日式的，有一天我那台灣的娘來日本做了台式炸雞後，大塚家的成員就指定我們家的炸雞要用台式作法。其實我也很喜歡日式的厚實麵衣與清香檸檬風味，但為了少數服從多數，以後我們家的炸雞排班是：兩次台式後可以做一次日式的，這兩種炸雞到底有何不同？主要在於醃料和麵衣喔！

4人份

材料／

台式炸雞
雞腿肉400公克
地瓜粉適量
日式炸雞
雞腿肉400公克
蛋1顆
太白粉半杯（100毫升）
檸檬汁少許

醃料／

台式炸雞
醬油1$\frac{1}{2}$大匙
大蒜片1瓣
糖1小匙
日式炸雞
醬油1$\frac{1}{2}$大匙
薑汁1$\frac{1}{2}$大匙

作法／

台式炸雞

1 將雞腿肉切塊用醃料醃半天左右。

2 醃好的雞肉直接沾地瓜粉放入180℃熱油中（或將一點麵衣放進油
鍋，當沉下去後再浮起來時的油溫狀態），雞肉炸至浮起並呈黃金色
後再炸1～2分鐘，過程中請數度翻面才能炸得均勻。

日式炸雞

1 將雞腿肉切塊用醃料醃半天左右（日式炸雞醃料中的薑汁是把薑磨成
泥後擠出汁液）。

2 在醃好的雞肉裡打入1顆蛋並加進太白粉，用手攪拌均勻，炸法同台
式炸雞。

3 在吃之前可以擠一點檸檬汁。

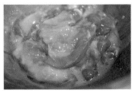

> **TIPS**
>
> 建議雞肉用醃料醃半天以上會更入味，除了炸雞外我還會炸豬肉片和章魚
> 塊，也很美味。我們家的大塚爺爺很喜歡用台式炸雞的方式所炸出來的豬
> 排，常常拿來放在拉麵上模仿台灣的排骨麵，吃得很意猶未盡呢！

糖醋里肌

大勝餐館的自創調味

4人份

　　在國外流行的中式料理中，糖醋里肌或糖醋排骨是常見的料理，在日本更是大人小孩都喜歡的下飯菜。無論在倫敦的中國城或日本的中菜餐廳我已經吃過好幾次，甚至在日本的一般餐館裡也可以看到它的蹤跡。只不過我在海外吃到的味道上不是偏酸就是偏甜，總讓我不是很滿意。

　　於是在自己多次實驗的結果下，我發現用天然的柳橙汁來調味做出的糖醋里肌最美味，我們家的日本人也都很滿意；除此之外，我是用烤箱燒烤取代油炸的方式，因此吃起來比較不會油膩，但仍保持食材與調味料緊密結合的特性，大家不妨試試看。

材料／

里肌肉（或梅花肉）400公克
洋蔥半顆
青椒1顆
紅椒1顆
蓮藕1節
馬鈴薯1顆
橄欖油適量
蛋1顆
太白粉1大匙

調味料／

番茄醬2大匙
白醋2大匙
糖2大匙
太白粉1大匙
新鮮柳橙（擠汁）半顆
水2大匙
鹽1小匙

作法／

1 將所有的食材切大塊，蓮藕和馬鈴薯拌一下橄欖油，豬肉用適量橄欖油、蛋液、太白粉拌勻，備用。

2 將蓮藕、馬鈴薯和豬肉放進烤箱裡用200℃烤30分鐘。

3 將所有的調味料調拌均勻並且稍微煮過，這樣會更濃稠一點。

4 用一點油將洋蔥爆香，再放入青紅椒一起炒，加入烤過的蓮藕、馬鈴薯和豬肉拌炒數下，接著將調味料加進來拌勻收汁即可。

TIPS

烤過的豬肉和蔬菜可以將醬汁結合得更緊密卻不會太油膩，新鮮柳橙汁的清香與自然的酸甜，將整道糖醋里肌的風味襯托得更出色。

日式煎餃

讓大塚爺爺和親友留戀的指定菜

6人份

　　自從有一年回台灣前,大塚爺爺用感性的口吻對我說:「你們這次回去這麼久,我會想念你的……」「餃子!請你留下一百顆再走!」所以每次回台前我都得包一堆餃子冷凍起來。

　　大塚爺爺常說,吃了我做的餃子就沒辦法去吃外面的,連日本的親朋好友來我們家吃飯也經常指定要吃餃子。我的餃子其實是從台灣的娘那裡學來的,然後再用婆婆的日式煎法煎得外皮酥脆內餡多汁。我也曾用同樣的餡料做成水餃、湯餃和蒸餃給大家吃,但我發現日本人還是最喜歡煎餃,最主要是可以拿來配白飯!雙重碳水化合物的吃法,例如炒飯配拉麵、麵包夾炒麵、擔擔麵加一碗白飯等等,在日本是一種普遍現象,因此煎餃配白飯是日本人的最愛啊(笑)。

材料／

高麗菜1/4顆
韭菜1把
蔥2根
薑末2大匙
豬絞肉600公克
鮪魚罐頭(大罐)1個
餃子皮約60張

調味料／

醬油1大匙
香油1大匙
鹽適量
胡椒粉適量

作法／

1 先把高麗菜、韭菜和蔥切細；鮪魚罐頭裡的油先倒掉一半，與豬絞肉和切好的蔬菜、薑末混合。

2 加入所有調味料，用手仔細地拌勻，尤其是鮪魚肉要分散並均勻地和豬肉拌在一起，攪拌至有一點黏性出來就完成內餡了。

3 取適量內餡放在餃子皮上，邊緣沾水稍微壓緊捏成餃子。

4 在平底鍋裡放1大匙油加熱，放進餃子煎一下，當底部呈現微微的焦黃色時，加入約可蓋住餃子一半的熱水。

5 蓋上鍋蓋用大火蒸煮，等水燒乾後再打開鍋蓋，起鍋前在餃子上淋上一點點油再煎一下。

6 當餃子底部呈現好看的焦黃色時就大功告成了。

TIPS

・餃子也可以包成其他不同的形狀，更添趣味。

・煎餃可說是日本最受歡迎的國民美食之一，最棒的吃法是蘸加了辣油和醋的醬油後拿來配白飯。台灣人可能會覺得怪怪的，但吃過的人包括我自己，不得不承認煎餃配飯居然有種莫名其妙的美味，而且還會上癮，推薦大家試試看囉。

玫瑰花煎餃

一上桌就吸引眾人目光

（4人份）

有一陣子在日本網路上流行一種有美麗外表的玫瑰煎餃，看到之後馬上自己在家裡試做看看。一開始習慣包胖胖餃子的我包出來的玫瑰餃肉餡常常跑出來，練習幾次後終於熟能生巧，抓到了包出層層玫瑰花瓣的技巧。家裡的日本人吃得很開心，除了玫瑰造型很吸睛外，分量夠大蘸醬汁後很下飯，就算不配白飯直接吃也很美味呢！

材料／

餃子皮72張
豬絞肉300克
韭菜1把
大白菜¼顆
大蒜末2小匙
薑末2小匙
鹽1小匙

調味料／

醬油2小匙
料理酒2小匙
雞高湯粉1小匙
香油2小匙
胡椒粉適量

作法／

1　韭菜和大白菜切碎，加1小匙鹽輕輕攪拌一下放著，出水後將菜稍微壓一下擠出水分，把水倒掉，加入大蒜末和薑末。

2　加入豬絞肉和所有調味料，用手攪拌均勻，攪拌到肉餡有一點黏性出來。

3　取3張餃子皮稍微重疊，在接縫處用水將餃子皮黏接在一起。

4　在餃子皮的中間鋪上一些餡料，建議放少一點比較好包，餡太多會跑出花瓣外。

5　將餃子皮往上對折，用水將對折處黏起來固定好。

6　從右端慢慢捲到左端，最後再用水將接縫處黏起來。

7　花瓣往外調整一下，一朵美麗的玫瑰餃子就完成了。

8　在平底鍋裡加入1大匙油加熱，放進餃子煎一下，當餃子底部呈現微微焦黃色，加入大約可蓋住餃子一半的熱水。

9　蓋上鍋蓋用大火蒸煮，等水蒸發後再打開蓋子，起鍋前在餃子上淋上一點點油再煎一下。

10　當煎餃底部煎成好看的焦黃色時就大功告成了。

TIPS

把餡料包進3片水餃皮中往上對折時，記得用水將接縫處黏牢，這是為了防止餡料跑出來，可以將花瓣整理得更漂亮的小技巧。

蔬菜煎餅

台灣路邊攤美食復刻版

 4人份

　　有一天我家小姑和表妹問我，台灣路邊攤賣的蔬菜煎餅蘸辣味醬油膏好吃得不得了，吃過一次後就陷入朝思暮想的狀態，不知道我的食譜裡有沒有這道料理？「有喔！」當我說出這句話時讓我聯想到木村拓哉演的日劇《HERO》，劇中有間酒吧的老闆，每次向他點一些奇奇怪怪有的沒的料理，問他有沒有，他居然都說「有喔！」這幾年在我們家，我覺得自己愈來愈像那個酒吧老闆了（笑）。

　　另外，我還在煎餅中加了雞蛋、豬肉片和日式炒麵，把台灣路邊攤的蔬菜煎餅增添了幾分廣島燒風味，台日混血料理也常出現在我們家，大家都很習慣了。

材料／

紅蘿蔔1根
馬鈴薯2顆
高麗菜¼顆
青蔥2根
蛋4顆
低筋麵粉1½杯（300毫升）
水½杯
黑胡椒粉適量
鹽適量
豬肉片數片
炒麵1份

沾醬／

醬油膏3大匙
豆瓣醬1小匙

作法／

1 將各式蔬菜刨成絲，青蔥切細；將2顆蛋液、低筋麵粉、水、鹽和黑胡椒粉拌勻，再放入所有的蔬菜攪拌。

2 炒一份日式炒麵或任何口味的炒麵備用（日式炒麵是以日式豬排醬來調味，本書附錄P.187有介紹）；平底鍋加點油，倒入作法1的蔬菜麵糊，把一面煎熟後先盛起備用。

3 在平底鍋裡排好豬肉片並且打2顆蛋進去，再放上一些炒好的炒麵。

4 最後將蔬菜煎餅尚未煎熟的那一面蓋上去一起煎，同時蓋上鍋蓋燜煮至熟即完成。

  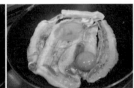 

TIPS

· 醬油膏和豆瓣醬調勻當成沾醬，或是跟大阪燒一樣淋上日式炸豬排醬、日式美乃滋和柴魚片的日式吃法也不錯。

· 其實蔬菜煎餅兩面煎熟直接沾醬吃就很好吃了，豬肉片、荷包蛋和炒麵都可以依照個人喜好增減。技術不是很純熟的人，建議可以一次煎小片一點比較好控制。

中日料理混血

茄汁辣味蝦仁

4人份

　　這道茄汁辣味蝦仁的日文叫作エビチリ，是在日本非常受歡迎的中式料理。我第一次在這裡吃到它時，完全想不出來台灣有哪一道菜是這樣的口味，如果勉強要說相似的話，那可能就是茄汁蝦仁。非常喜歡エビチリ的大塚先生曾經要求想吃吃看台灣道地的版本，覺得在地的味道應該更美味；但我們回台灣點給他吃時，他又覺得不是同一道菜，後來陸陸續續試了幾間有茄汁蝦仁的餐廳，也沒有找到一模一樣可說是エビチリ的中菜。於是我確定了，它應該是一道日本化的中式料理，還是一道美味的日本定番人氣中菜！

材料／

蝦仁約20條
蔥2根
薑末1大匙
蒜末1大匙
太白粉適量

調味料／

A 鹽適量
胡椒粉適量
酒1大匙

B 番茄醬3大匙
豆瓣醬1小匙

C 水75毫升
雞湯粉½小匙
酒1大匙
砂糖1小匙
鹽少許
胡椒粉少許
太白粉½小匙

作法／

1 蝦仁清洗乾淨後用調味料（A）醃漬10分鐘。

2 平底鍋裡放一點油，將醃過的蝦仁沾一點太白粉放入鍋，兩面煎熟。

3 取出煎好的蝦仁，平底鍋擦乾淨後再放一點油爆香薑末和蒜末。

4 加入調味料（B）後，以中火炒香；再加入調味料（C）煮到醬汁呈現濃稠狀；加入切好的蔥花與醬汁拌炒均勻，最後將煎好的蝦仁加進來拌炒一下，讓醬汁均勻沾附即可。

TIPS

茄汁辣味蝦仁是一道口味稍重的料理，非常下飯，建議可以準備高麗菜絲或生菜沙拉一起享用比較清爽順口。

蒜泥白肉&味噌湯

超「台」的日式吃法

6人份

這道料理一次可以完成一菜一湯，快速方便又美味。利用煮味噌湯的時間順便一起把豬肉煮熟，煮好的豬肉不僅帶著味噌的香氣，而豬肉的油脂與肉香也讓味噌湯的湯頭更富有深度與層次感。豬肉切片後拿來蘸蒜味醬油膏，一邊吃蒜泥白肉一邊喝味噌湯，兩者互相襯托著美味，也是一道跨越國際的台日混合吃法。

材料／

水1.5公升
味噌5大匙
大蒜1瓣
梅花肉800公克
海帶芽1把
豆腐1盒
生菜適量（可省）
泡菜適量（可省）

沾醬／

醬油膏2大匙
蒜末1小匙
香油1小匙

作法／

1　先煮一鍋味噌湯，將水煮滾，加入味噌（味噌需隔著濾網攪拌至溶解），味噌融入湯裡之後剩下來的渣渣過濾不用，放入幾片大蒜片進去一起煮。

2　海帶芽洗淨，泡冷水備用；用平底鍋把梅花肉四周表面煎一下。

3　煎過的梅花肉放進味噌湯裡以中小火燉煮40分鐘，並清除湯裡的雜質。

4　取出煮好的梅花豬肉塊，切片，可以另切一些碎肉再放回湯中。

5　將海帶芽和豆腐切一切，放入味噌湯裡煮滾。

TIPS

· 豬肉片可蘸蒜末醬油膏，也可以加泡菜再用生菜包起來吃，多種吃法很國際化。

· 味噌湯和豬肉一起煮可以互相增添美味，一次完成一道湯和一道菜，一舉兩得好方便，是忙碌又沒時間下廚的救星。

第三話

春夏秋冬
365天都要
和家人一起玩

料理隨四季更迭，
而節慶祭典保存著自古以來的文化精神，
春夏秋冬、一年中的大小節慶，都想和家人在一起。

餐桌上的四季風景

對日本人來說，和他們生活最息息相關的，就是隨著這四季轉變而帶來的食材變化和飲食習慣。

春季裡紛紛出籠的蔬菜，如竹筍、花菜、蘆筍、高麗菜、各種山菜、新洋蔥（外皮比一般洋蔥白，水分多、味道也比較甜）和新牛蒡（尚未完全熟成的牛蒡，口感較軟、味道較溫和）等等，讓人一看不禁想做成酥酥脆脆的天婦羅來享用；此外，春季櫻花盛開時期，大家紛紛到戶外賞櫻野餐，各種野餐料理在日本非常流行。秋天的番薯、栗子、松茸、銀杏、秋刀魚、柿子、秋鮭和各種菇類等等，每一樣都是激發食欲的旬節食材。而在炎熱的夏日裡最適合吃清爽的日式涼麵，不論是蕎麥麵、烏龍麵或是素麵，煮好後用冰水沖涼，蘸著日式柴魚醬汁大口大口吸進嘴裡，頓時沁涼透心脾，胃口全開。此章節有婆婆的天婦羅食譜，以及「花見野餐系列」食譜，別錯過喔！

當我在寫這篇文章時，日本正進入涼爽的秋季，各大超商已經陸續推出熱騰騰的關東煮，再過不久家家戶戶就會開始吃起火鍋。整個冬天我最喜歡的晚餐料理就是火鍋了，它絕對是家庭主婦的好朋友，

因為東西全部放進去煮就好！大家一定想知道，同樣是火鍋，台灣和日本有什麼不一樣的地方嗎？

五花八門的火鍋與沾醬

日本火鍋湯頭種類繁多，如果有機會走一趟日本的超市將會發現有各式各樣的火鍋湯底任你選，豆乳鍋、泡菜鍋、味噌鍋、番茄鍋、白湯雞肉鍋、相撲鍋、海鮮鍋、咖哩鍋、豚骨醬油鍋、涮涮鍋、壽喜燒⋯⋯，太多了說不完，而且每年幾乎都有新口味出現。餐廳裡也可以吃到有地方特色的火鍋，如個人非常喜歡的博多大腸鍋、北海道的石狩鍋，或是特殊食材如河豚鍋、鴨肉鍋、大塚爺爺鍾情的**鮟鱇**魚海鮮鍋等等。這個章節也會分享日本火鍋達人教導的壽喜燒作法與黃金比例的醬汁，希望大家在家裡也可以輕鬆做出道地美味的壽喜燒。

日本的火鍋加工產品比較少，火鍋食材主要為各式蔬菜及肉類，如蔥白、大白菜、菠菜、水菜、各種菇類、海鮮、豬肉片和雞肉等等；再加上各地方特殊食材或各個家庭的喜好，例如我們家喜歡在火鍋裡放麻糬和葛粉條（日式冬粉）。日本的牛肉品質不錯，大家都捨不得煮太熟，所以通常拿來當涮涮鍋或壽喜燒的主角，在鍋中涮個兩三下就趕快拿起來吃掉。而台灣的火鍋料可說是非常豐富，各式各樣的加工料不勝枚舉，想到自己已經好久沒吃到豬血和魚餃蝦餃之類的東西了！

在日本如果選擇已有口味湯頭的火鍋，幾乎是不必再用沾醬的，因為湯底的味道已經足夠，直接跟著一起吃就好。如果是直接用水、高湯煮（水炊き）或是涮涮鍋（しゃぶしゃぶ），就會蘸帶點酸味的日式橘醋醬（ぽん酢）、芝麻醬或日式高湯醬油（だししょゆ）。在這些沾醬中加入蔥花、七味粉或柚子胡椒都是很平常的吃法。我來日本後迷上柚子口味的日式橘醋醬，而大塚先生卻很早就愛上台灣的沙茶醬，每當我在準備沾醬時，他都會説：「給我沙茶醬！」而當家裡的沙茶醬快用完時，就開始耳提面命地叫我請即將訪日的親友帶來，令人不禁懷疑我們在一起後是不是靈魂互換了！

最後在整個火鍋料吃得差不多時，日本人會在剩下的湯頭裡加點飯進去煮粥，或是煮個拉麵、烏龍麵等當作結尾讓胃更飽足。通常比較清淡的湯頭適合煮粥，重口味的如豚骨醬油、大腸鍋等就可以煮個拉麵，豆乳鍋則是非常適合以烏龍麵來收尾。

溫暖關東煮在異鄉陪我過年

文章一開始提到的關東煮在日本的秋冬也屬定番的國民美食，也是我們家非常有紀念性的料理。記得剛來到日本的前幾年，每逢農曆年全家只有我一個人有感覺，因為日本是不過農曆新年的。有一次因離鄉背井染上鄉愁，在那一年的除夕夜我偷偷流淚了，可能是深夜裡啜泣的聲音顯得有點大聲讓大塚先生察覺到，於是他決定用自己的方式來和我一起慶祝農曆春節。

次日，大塚先生一大早起來製作關東煮，從高湯、煎牛肉到處理食材都自己來，原來關東煮不是全部放下去煮一煮就好。照大塚先生的食譜煮出來的關東煮，居然比日本便利商店賣的還好吃。除了溫情加分外，這個日本人發揮了他實事求是的龜毛精神，上網研究很久，食材高湯都親手料理。永遠記得第一次在海外的農曆新年吃到這碗湯頭溫柔內斂卻富有深度的關東煮時，頓時有一股暖流打從心底流過，讓我的眼淚沸騰了。至於日式高湯如何製作，以及大塚先生的關東煮食譜，都在這本書裡有詳細介紹喔。

過年和我想的不一樣

記得最初吃到御節料理是在來到日本第一年寒冷的大年初一早上，看著顏色漂亮豐富的御節料理，滿心期待地吃了幾口後，筷子慢慢停了下來……

過年在台灣吃大魚大肉和熱騰騰的圍爐火鍋似乎是大家一般普遍的印象，然而在美食眾多的日本，各位是不是很期待在新年時會有什麼更棒的傳統料理出現呢？答案可能要讓大家失望了，因為當時第一次在日本過年的我，跟著婆家一起度過後，只有一個感想：什麼！過年的傳統年菜（おせち料理）怎麼是冷冰冰的？

首先，先來介紹除夕的跨年蕎麥麵（年越しそば），這是江戶時期留下來的習俗，日本人相信在除夕的晚上十二點以前吃完蕎麥麵來迎接新的一年可以斬斷厄運、長命百歲。因為蕎麥麵很容易咬斷，象徵把過去不好的勞苦和厄運切除得乾乾淨淨，又因蕎麥麵外觀細細長長的，也象徵長壽的生命。

以前我們家的作法是在晚餐後的宵夜準備蕎麥麵，然後在十二點前吃完來迎接新年，這幾年為了省事就直接準備蕎麥麵當晚餐了。也有些人會

到外面的餐廳吃，所以除夕夜日本的蕎麥麵店常常大排長龍，無論如何只要在除夕這一天晚上十二點以前吃過蕎麥麵就可以了。

大年初一吃的是冷冰冰的傳統年菜おせち料理，漢字是「御節料理」，在新年時吃的一種象徵喜氣祝賀的食物。用一層一層精美的四方形漆器「重箱」來盛裝，裡面再分格放入各種當季的食材和具有意義的料理。重箱的「重」這個字是一層一層的意思，通常有三層，也有簡單的一層和繁雜的五層。裡面的料理主要有一些開胃小菜、醃漬食物、煮物、燒烤等等，每一樣食物都含有祝賀之意。

大致來説，「蝦子」（海老）長長的觸鬚和彎曲的身體是長壽的象徵，「醃漬鯡魚卵」（數の子）有子孫繁榮之意，「沙丁魚」（田作り）做成的料理代表豐盛，「栗金団」（栗きんとん）猶如黃金色的甜栗子泥，可以招金運，「紅白魚板」（紅白かまぼこ）的紅白兩色是代表祝賀的顏色，「黑豆」意味著勤勞健康，「昆布卷」是家庭幸福愉悦，「伊達卷」有文化昌盛的意思，「蓮藕」則是希望能預見將來。

每逢年關將近，各大百貨公司、超市賣場和餐廳等等都會提供御節料理的預約，一套美美的御節料理從幾千至幾萬日幣都有。每次看到製作精美、食材豪華、顏色豐富的御

節料理，都會讓人停下腳步多看幾眼；只有一點是身為台灣人的我覺得比較殘念的地方，那就是御節料理都是事先做好放在冰箱裡冷冰冰的，這是因為可以讓家庭主婦在過年期間不用開火休息一下，但同為家庭主婦的我還是希望可以吃到熱食啊……

記得最初吃到御節料理是在來到日本第一年寒冷的大年初一早上，看著顏色漂亮豐富的御節料理，滿心期待地吃了幾口後，筷子慢慢停了下來。直到另一道日本新年也會吃的「鹹口味年糕湯」（お雜煮）出現後，才拯救了我這個擁有渴望熱食的台灣魂，這道日式年糕湯也會出現在這章節的食譜中。只是在一餐內吃不完的御節料理會不斷地在接下來的午餐及晚餐中和其他料理一起出現，但我發現會去夾來吃的人愈來愈少，而且千萬別有加熱的想法，就像西餐裡的冷湯就是要冷冷的喝，若去加熱一定會被白眼。

偷偷告訴大家，其實日本人，尤其是年輕的一代，也不是很喜歡吃這種冷冰冰又偏甜的御節料理！但是這道豪華美麗又帶著濃厚祝賀意義的傳統料理還是會在日本每年的新年時期隆重登場，吃熱食習慣的台灣朋友們，在寒冷的新年期間會想試試看御節料理嗎？

不只是扮家家酒

以前我太小看這些娃娃的作用了，最早開始擺設時不免帶點扮家家酒的心態，甚至還覺得日本人真會沒事找事做……

日本一整年的節日與慶典涵蓋的範圍很廣，有慶祝節氣之日，有紀念大自然，也有敬老、體育、文化、勤勞感謝等各種主題的日子，還有和國家政府相關的紀念日，然而其中最令我印象深刻的是，與小孩成長相關的慶祝節日竟然有好幾個！這幾年與婆家一起慶祝下來，不禁讓人感到日本人放了很多心思與重心在他們未來的主人翁身上，樂於沉浸在小孩成長的喜悅當中。

從小孩出生滿月後就有一個參拜神社祈禱健康成長的儀式，日文稱作お宮參り，儀式結束後與家族成員聚餐並留下幾張全家福紀念照；接下來滿百日會有一個祈求小孩牙齒健康和一生無飲食困擾的慶祝儀式（お食い初め），在家裡準備一些祝賀的食物由長輩進行餵食的動作，記得那天婆婆忙進忙出，比我這個當媽的還開心呢！

當男孩五歲，女孩三歲和七歲的時候，日本有一個「七五三」慶典，祝賀小孩健康平安、順利成長，

整個十一月走在路上可以看到許多穿和服的小孩跟著家族歡喜地慶祝著。我們家也非常重視這個節慶，女兒的三歲和七歲、兒子的五歲都跟著習俗做了「七五三」。除了到相館照相紀念，還要選一個大安之日（日本的吉日）到神社裡參拜祈福，並登記神社裡的慶祝儀式，接著到飯店、餐廳或料理亭吃一頓豐盛的慶賀料理。那年女兒七歲時剛好兒子也逢五歲，所以兩個人一起舉辦，遠從台灣來的阿公阿嬤也來共襄盛舉，兩家在一起非常熱鬧。

很喜歡日本這種慶祝小孩成長的心思，藉由這一連串的慶賀儀式讓孩子們在滿滿的溫情與關懷下一起感受成長的喜悅真好。未來當他們二十歲時，還會有一個成年禮的儀式，由家族和地方政府一起為他們慶祝。雖然對小鬼們來說還有一段很長的時間，但不知為何身為媽媽的我已經非常期待，最好一覺起來他們就二十歲成年了（笑）。

女兒節蘊含著祝福和文化傳承

除了上述這些階段性的慶典外，每年更有慶祝小孩成長的節日，三月三日是慶祝女兒幸福平安的女兒節，五月五日則是慶祝兒子健康勇壯的兒童節。今年的女兒節我照常在二月底的某一個大吉日將女兒的雛人形擺設出來，看著在我們家已超過十年的雛人形，不禁感慨時間的流逝，也體會到日本人重視從儀式中來表達祝福與文化傳承的精神。

以前我太小看這些娃娃的作用了，最早開始擺設時不免帶點扮家家酒的心態，甚至還覺得日本人真會沒事找事做；但隨著女兒的成長與每年女兒節的準備工作，總算漸漸體會到這些儀式背後的意義與日本人表達關懷展現喜悅之情的方式。如今我這個台灣出身的娘親做得很順手了，現在都不用婆婆的提醒，一早起來準備給雛人形的日式甜點，

晚餐會做女兒喜愛的料理，小姑通常也會親手烤一個蛋糕來慶祝。大家一邊吃一邊閒話家常，笑談著女兒從小到大的各種偉蹟與糗事，每個人的笑聲讓我心裡覺得暖暖的。我想著再過十年，未來的我也會做得很稱職，少了扮家家酒的心態，多了更多期望與喜悅來迎接這個儀式的。

女兒節過後要找一個大安之日把雛人形收起來，收之前還要先煮一盤素麵跟他們道謝。記得有一次，在第一個遇上的大安之日原本已經要收了，大塚先生叫我再等一下，日本的習俗是愈早收女兒會愈早出嫁，這位爸爸是想把女兒留在身邊久一點吧。

說巧不巧，正當我漸漸理解女兒節在日本家庭裡的重要性時，在一個偶然的機會下接到 ANA 總合研究所的山形模擬旅遊邀請，和一些外國人拜訪參觀當地的歷史名勝外，還體驗許多山形縣庄內地區的文化活動。其中最令我印象深刻的是參觀鶴岡市的雛人形文化，跟著當地人一起進行女兒節慶賀料理和手作和菓子，而且在第二天還上了地方報紙《山形新聞》呢！

旅途中在致道博物館裡難得可以和藩主酒井家的第十八代當主——酒井天美夫人（本頁照片中的女士）見面，並由夫人帶領我們參觀館內所有的陳列展示。當我告訴她自己雖然是個外國人，但每年從女兒節擺設雛人形的例行公事上，體會到日本人重視從儀式中來表達祝福與文化傳承的精神，如今自己也很期待每年女兒節的到來，希望藉由這些看得到的儀式來表達內心無形的情感；結果酒井夫人一聽非常開心，還跟我多聊了好久，最後在大門口留下了難得的紀念合照，深深覺得自己和女兒節好有緣啊！

和大塚爺爺一起過兒童節

日本這些繁雜的文化儀式仍被代代流傳下來是有其意義的，身為一個外國人，也能為小鬼們做這些傳統慶賀的點點滴滴真好。

五月五日是日本的兒童節，也是慶祝家中男孩健康長大，將來功成名就、鯉躍龍門的男兒節。我也會在四月底挑選一個大吉日，將兒子的冑，也就是頭盔（かぶと）從收納箱裡拿出來，心情就跟三月三日女兒節時將女兒的雛人形擺設出來一樣，兒女成長的喜悅之情大於這些繁瑣的儀式。還要準備一些應景的和菓子，其中最典型的「柏餅」，是一種用葉子包裹起來的紅豆麻糬，另外還有甜口味的日式甜粽。除此之外，晚上要用菖蒲來泡澡，有驅邪和祈求健康之意，街頭上也到處可見鯉魚旗幟飄揚的景象，期許著男孩們長大可以鯉躍龍門、成就大志，有些家庭也會準備一個掛在自家門前。

想到當初我們在選兒子的冑時可是非常慎重，因為這個冑會跟著小孩從出生到立業成家，當我們遇見現在兒子的冑時，大塚先生立刻決定了！原因是這個冑上頭有一條龍，在日本算是比較稀有，然而大塚小弟有一半血統來自台灣，承襲了龍的文化，使我們當場覺得就是這一個了。現在

真是愈看愈順眼，有一種台日融合的感覺，雖然有龍的頭盔在日本算是特別，但無論如何祈望兒子可以平安健康、大願成就的心是一樣的。

五月五日是日本的兒童節，除了慶祝男孩的節日外，還是我家大塚爺爺的生日，所以每到這一天我們家便充滿歡樂祝賀的氣息，連晚餐的餐桌也非常熱鬧。我曾懷疑我的公公是不是因為在兒童節出生所以性格也很兒童（笑）？我家的大塚爺爺是一位認真工作典型的日本職人，建築地板類是他的專業，迪士尼樂園愛麗絲夢遊仙境餐廳裡的高難度設計地板是他的作品之一。這個把一生光陰都奉獻給工作的爺爺，最大的嗜好就是吃零食。以前剛來日本時一直很不能理解大塚爺爺一邊吃晚餐一邊吃零食的習慣，對他來説所有的零食都可以是一種小菜！最可怕的是，他吃的時候還會分給我，但我始終不能接受仙貝配白飯或是一邊吃巧克力一邊吃菜，還是把冰淇淋當作開胃菜的怪習慣。

終於在小鬼們出生後，為了避免把這種惡習傳染給小孩，大塚爺爺學會了忍耐，下午三點一到才跟小鬼們一起享用點心，他們從此變成了點心（おやつ）三兄弟建立起濃厚的同黨情誼，捍衛著彼此陷入危機時共患難的精神。如果我在罵小孩：「為什麼不吃飯？」他會回答：「不吃飯？沒關係，我的甜甜圈可以分他們吃一點！」當我在教育小孩：「這個也要吃、那個也要吃，飲食均衡才會有健康的身體」，大塚爺爺會加入：「沒錯！一顆糖果加一片巧克力和薯片，每一種都要吃一點，不用擔心，我們吃得很均衡的啦！」

兒童節這一天如果沒有去餐廳吃飯的話，我通常會詢問公公和兒子想吃什麼菜，得到的答案常常讓人傻眼。去年兒子點的是蛋餅、壽司和炒飯，今年點的是台式炸雞、烤藍莓起司和烏龍麵，是因為自己是混血兒所以連料理也這麼國際嗎？加上還有一位任性的大塚爺爺，堅持要吃漢堡或是煎餃和豬肉餡餅，我們家這一天的晚餐簡直「混」得徹徹底底！

在日本陪孩子們成長，這一路走來，在各種與小孩相關的慶典與節日中我感受到許多家庭溫情。日本這些繁雜的文化儀式仍被代代流傳下來是有其意義的，身為一個外國人，也能為小鬼們做這些傳統慶賀的點點滴滴真好。相信小孩在成長的過程中感到被重視，會體會到自己是重要的進而也會重視自己的下一代，生命的循環與成長因而無限美好。

關東煮

農曆新年裡的暖意

4人份

記得剛來日本時，每到農曆年倍感寂寞，因為日本過的是西曆年，全家只有我一個人有過年的氣氛，漸漸適應後日子也就這樣度過了。有一年農曆新年，大塚先生可能平常聽我抱怨太多，一大早起來製作關東煮，從高湯、煎牛肉到處理一堆食材，原來關東煮不是全部放下去煮一煮就好。照大塚先生的食譜煮出來的居然比日本便利商店賣的關東煮還好吃，因為溫情加分外，食材、高湯都是親手料理，安心美味無負擔。

材料／

白蘿蔔1根
紅蘿蔔2根
海帶數個
油豆腐數塊
牛肉300公克
蒟蒻1片
蛋4顆
章魚適量
各種魚漿製品適量
山藥泥魚板（はんぺん）適量

日式高湯／

昆布20公克
柴魚片40公克
水2公升

調味料／

醬油1大匙
清酒1大匙
鹽1小匙

作法／

1 首先製作日式高湯,放在冰箱裡泡一晚(作法請參考p.72)。

2 牛肉切塊,用平底鍋把牛肉兩面稍微煎過,蛋煮熟,紅、白蘿蔔切好備用。

3 油炸的食材可先用熱水沖過去油,湯頭會比較清爽。

4 在一鍋水中加入一點生米與白蘿蔔一起煮3分鐘,白蘿蔔盛出備用,水和米倒掉不用。

5 蒟蒻切交叉紋後再切塊使其入味;將白蘿蔔、牛肉、蒟蒻、海帶和水煮蛋放入日式高湯並加入所有調味料,中火轉小火慢慢燉煮,建議煮1～2小時較入味;煮好後建議關火放涼,可使食材的美味逐漸濃縮到高湯裡。

6 吃之前再加熱,剩下的材料也是在吃之前30～40分鐘入鍋以中火一起煮就可以了。紅蘿蔔會使湯頭變甜,最好用另一鍋煮,我們家喜歡紅蘿蔔所以它也是主角之一,若不需要可省略;還可加一些烏龍麵進去,品嘗清爽又有深度的湯頭。

TIPS

· 這次的高湯只使用昆布和柴魚片2種材料,材料比例調高一些,就能呈現關東煮清爽淡雅的滋味與食材的原汁原味。

· 白蘿蔔加生米一起煮可以讓白蘿蔔的風味更柔和甜美,白蘿蔔也是在日本非常受歡迎的關東煮食材。

· 在長時間燉煮的過程中,記得將湯汁裡的雜質撈除,湯頭才會保持清淡爽口。我放了一些日本的食材如山藥泥魚板和魚漿製品,大家可以隨個人喜好選用台灣的食材。另外,日本人吃關東煮時會蘸一點日式黃芥末來提味,有興趣的朋友不妨試試。

冬日裡的慶賀料理

壽喜燒

　　火鍋是日本冬季家家戶戶餐桌上常會出現的料理，整個冬天我最喜歡準備的晚餐就是火鍋了。然而其中的壽喜燒在日本人的心目中卻是特別不一樣的，高級的食材和令人驚豔的美味，讓日本人在特別的日子或有值得慶賀的事時會想到它，像我們家總是在過年期間會吃壽喜燒慶祝一下。

　　壽喜燒好吃的三大要素——牛肉的品質、蛋的鮮度、醬汁的香醇與恰好的甜度。超市裡雖然可以買到便利的壽喜燒醬，但在此要分享一位日本達人教導的黃金比例作法，自己在家也可以輕鬆做出美味的壽喜燒。

材料／

牛肉片300公克
大白菜1/4顆
洋蔥1/2顆
蔥2根
白蘿蔔片適量
紅蘿蔔半根
蛋2顆
鴻喜菇1包
烤豆腐1盒
蒟蒻絲1包

調味料／

清酒100毫升　　　味醂120毫升
醬油100毫升　　　砂糖30公克

作法／

1 將蔬菜和蔥洗淨、切好備用，準備新鮮的蛋，蛋液攪拌均勻後當成壽喜燒的沾醬；洋蔥和菇類可先用奶油稍微炒熟，再放入醬汁裡煮更香。

2 鍋子裡加入清酒和味醂先用大火煮滾讓酒精散發出來。

3 熄火後加入醬油及砂糖攪拌均勻成醬汁再開火，就可以將蔬菜、蔥、烤豆腐（或將板豆腐兩面煎至表面酥脆）和蒟蒻絲分批放進醬汁裡煮。

4 肉類一片一片放進去涮一涮，熟了就可以馬上拿出來蘸蛋汁享用，清爽的蛋汁和香甜的醬汁真是絕妙的對味，蛋汁又剛好可以緩和醬汁的濃度。

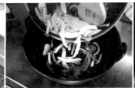

TIPS

日本人吃壽喜燒會蘸蛋汁並配白飯一起享用，所以感覺上醬汁味道比較濃，喜歡清淡一點的人建議可以自行加水調節，甜度也可按照個人喜好控制。

松茸炊飯

秋季限定的香噴噴美食

松茸在日本被譽為菇類之王，松茸之於日本就猶如松露之於法國，而其中最典型的料理之一就是「松茸炊飯」了！那獨特濃郁的香味正適合與飯一起炊煮，讓秋天的好胃口甚感滿足。記得第一次看到婆婆煮松茸炊飯時，整間屋子香味四溢，我的肚子也配合著咕嚕咕嚕叫，日本的秋天就是要吃松茸炊飯啊……

材料／

松茸數個
米3杯

調味料／

醬油2大匙
清酒2大匙
昆布3片
水3杯

作法／

1 前一天晚上先準備昆布水（3杯水中放3片昆布浸泡一夜）。松茸用水清洗，底部稍微切掉清理乾淨再切片，用醬油先將松茸片醃30分。

2 米洗好後泡水30分，用濾網濾掉水分，濾網下墊塊毛巾放30分使其稍微晾乾。將米放進煮飯鍋裡，先將清酒和醃松茸後殘留的醬油倒入200毫升量杯，加入昆布水剛好一杯滿，倒入鍋中。

3 再加入1$^1/_2$杯的昆布水和米攪拌一下。

4 鋪上松茸，並放入1塊冰塊。

5 鋪上昆布水裡浸泡過的昆布，按鈕開始炊飯。

6 炊飯完成後取出昆布，輕輕攪拌一下即可享用，做成飯糰帶便當也很適合。

TIPS

· 松茸在炊煮的過程中會出水，我還另外放了1顆冰塊，所以昆布水和調味料混合只放了2$^1/_2$杯左右。

· 買不到松茸的話也可以用杏鮑菇來做做看，雖然沒有松茸的濃郁香氣，但昆布水與杏鮑菇的結合也別有一番風味。若使用杏鮑菇來炊煮，建議調味料中的清酒和醬油各多加1大匙，並且在昆布水裡放一些柴魚片，因為杏鮑菇沒有松茸的香濃氣味，因此調味可以加重一點來提味。

綜合天婦羅

無法撼動的最愛NO 3

4人份

如果有人問我，最喜歡的日式料理前三名是什麼？我的答案通常是壽司、串燒（燒鳥）和天婦羅。壽司和串燒大家普遍傾向於去餐廳享用，但天婦羅在日本家庭裡算是一道媽媽會料裡的家常菜。大塚婆婆説，在家簡簡單單的用當季新鮮的海鮮和蔬菜，一杯低筋麵粉、一杯水、一顆蛋和一塊冰塊，就可以做出不輸外面餐廳的天婦羅！

材料／

蝦6尾 （其中2尾切小塊）
番薯1個
牛蒡1根
茄子1條
蓮藕1節

紅、青或黃椒1個
香菇數朵
洋蔥1顆
蛋2顆
冰塊1顆
水適量
低筋麵粉1 1/2杯（300毫升）

沾醬／

日式柴魚醬汁適量
開水適量
白蘿蔔泥適量

作法／

1 蔬菜洗淨切好，牛蒡切細片泡一下水即用餐巾紙擦乾；蝦取2隻切成小塊。

2 200毫升的杯子裡放入1顆蛋液、1顆冰塊、水（水倒進去剛好一杯滿），和1杯低筋麵粉混合，輕輕攪和一下成麵糊，不必太均勻。

3 將4隻未切的蝦子和各式蔬菜（洋蔥除外）沾裹麵糊，放入180℃的熱油中炸至浮起，翻兩三次身，炸至整個呈黃金色即可，若無法測溫度，也可以放一點麵糊至熱油裡，沉下去再浮起就代表油溫OK。

4 將另切小塊的2隻蝦子和洋蔥放進剩下的麵糊裡，加入1/2杯低筋麵粉和1顆蛋液以增加稠度。

5 用大湯匙一杓一杓地舀起作法4沾裹麵糊的食材放入熱油中炸熟，這樣就可以炸成結塊不會分散的洋蔥蝦天婦羅。

6 日式柴魚醬汁和開水以1：1的比例混合，放一點白蘿蔔泥當作天婦羅的沾醬，天婦羅直接蘸抹茶鹽或海鹽也是另一種吃法。

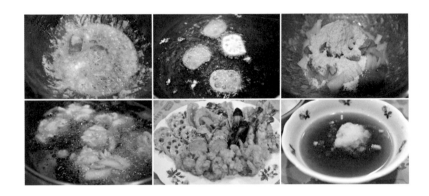

TIPS

· 最後要結合洋蔥和蝦子一起下鍋做洋蔥蝦天婦羅（かき揚げ）時，一定要多加一些麵粉和1顆蛋以增加麵糊的稠度，用湯匙舀起來放入熱油中比較不會散開。另外，其他食材如南瓜、白魚、綠蘆筍、菇類等也很不錯，我還做過酪梨天婦羅（跟作法3一樣炸法），沒想到口感好特別又creamy！

· 如果喜歡麵衣厚重一點的朋友，建議在作法3時，將食材先沾一點麵粉再沾裹麵糊，炸出來的麵衣比較有厚度。

記得第一次吃到日本過年的御節料理（おせち料理），是在某一年寒冷的大年初一早上。看著顏色漂亮豐富的御節料理，滿心期待地吃了幾口後，筷子慢慢停了下來，怎麼全部都是冷冰冰的啊！直到另一道日本新年會吃的料理——鹹的日式年糕湯出現後，才拯救了我這個台灣出身渴望熱食的心。

日式年糕湯

新年的慶祝料理

4人份

材料／

雞肉200公克
香菇2朵
日式高湯1.5公升
麻糬塊4個
菠菜1小把
蔥1根
魚板數片
蛋1顆

調味料／

醬油1小匙
鹽1小匙

作法／

1　將食材洗好、蔥切細絲、菠菜切段、雞肉切塊，備用。

2　香菇可以用新鮮或乾燥的，若是乾燥香菇請先用水泡軟，切細片。

3　在鍋中放入日式高湯（作法請參閱p.72），如果使用市面販售的日式高湯產品也可以。

4　高湯煮滾後放入香菇煮1分鐘，再加進雞肉煮熟。

5　將麻糬塊放進烤箱裡烤到有點膨起來的狀態，放進湯裡一起煮。

6　接著加入蔬菜、蔥和魚板煮熟，用醬油和鹽調味，打1顆蛋進去稍微攪拌一下即關火。

TIPS

日式年糕湯的作法每家不太一樣，這個食譜是我們家婆婆的，每年過年我最期待的竟然就是這碗日式年糕湯！材料裡的日式高湯也可以先做起來放在冰箱裡備用，方便又實用。

兒童節的慶賀料理通常會走可愛卡通造型路線，有一次婆婆做了拿手的五目御飯，接著我用五目御飯包成稻荷壽司，再順便放上五官，就成了卡通造型的稻荷壽司便當。這個稻荷壽司我也曾拿來做成鯉魚造型模樣的兒童節慶賀料理，有鯉躍龍門望子成就大業之意。除了吸睛度十足的外觀外，五目御飯和油豆腐皮結合在一起的微甜滋味，頗受小朋友們的喜愛。

稻荷壽司

兒童節的婆媳接力賽

（4人份）

材料／

五目御飯
香菇5朵
紅蘿蔔1根
油豆腐皮2片
蓮藕1節
白飯4碗

造型用材料
蛋1顆
綠蘆筍1根
四季豆數根
秋葵數個
小黃瓜1/4條
魚肉香腸1條
起司片1片
海苔1張
油豆腐皮數片

調味料／

水4杯（800毫升）
醬油2大匙
味醂2大匙
砂糖1大匙
清酒1大匙

作法／

1 香菇、紅蘿蔔、2片油豆腐皮和蓮藕切絲，加入所有調味料煮到收汁；煮好後拌入白飯做成五目御飯，包進豆腐皮裡製成稻荷壽司。

2 蛋、綠蘆筍、四季豆和秋葵煮熟，小黃瓜切小片，魚肉香腸切片；起司片用剪的或壓成圓形，海苔剪成小熊鼻子和眼睛的形狀，放到起司片上，把壓成圓形的起司切半成半圓形，當作小熊的耳朵。

3 用油豆腐皮做開放式稻荷壽司，利用各種材料組合成鯉魚造型。

4 將做好的五官放到封閉式的稻荷壽司上做成小熊的模樣。

TIPS

開放式的稻荷壽司請將豆腐皮開口凹折處隱藏起來，封閉式的稻荷壽司則是可以在豆腐皮中間背後用牙籤固定住，兩邊形成突起狀當作小熊的耳朵，造型圖案設計都可以隨意發揮。

蒜香紅酒烤雞

用葡萄牙好友傳授絕學做耶誕餐

6人份

這個食譜陪了我一段很長的歲月，當初到英國之前沒有煮過菜下過廚，除了帶一本娘的快速食譜筆記外，就是夢想向世界各國的學生學一些料理，結果發現大家跟我差不多。有一天去拜訪在不同學校念書的好友，他的一位葡萄牙朋友教我們一道「蒜香紅酒烤豬排」，這位和我們年紀相仿的年輕男孩，做起料理心思細膩又慢條斯理，讓在海外好久沒吃到家常美食的我，頓時得到溫暖的慰藉。

料理帶來的安慰可以超越國界，美味無國籍的界線，這道葡萄牙家庭料理，陪我從英國回台灣再帶到日本。雖然一開始我吃到的是豬排，用在烤雞上也很適合。剛好日本人在耶誕夜有吃烤雞的習慣，我常常以此食譜烤一隻全雞讓全家一起享用度過愉快的耶誕節，吃不完的雞肉第二天做成義大利麵或炒飯也好入味喔。

材料／

雞1隻
鹽1大匙
黑胡椒適量
蒜末2大匙
五香辣椒粉
（chili powder）適量
紅酒200毫升

作法／

1 將整隻雞均勻抹上鹽、黑胡椒和蒜末，雞的肚子裡面也要抹勻。

2 在雞的表面撒上一點墨西哥風味的五香辣椒粉。

3 把雞放在一個有深度的容器裡，淋上紅酒放入冰箱醃一整天最好，過程中要將雞翻身幾次，使紅酒均勻上色。

4 將紅酒倒掉，全雞包上鋁箔紙放入烤箱以220℃烤1小時。拿掉鋁箔紙後再用200℃烤20分即可，這時皮可以烤得脆脆的，油也被逼出許多，燒烤過程中流出來的肉汁可以淋在切好的雞肉上一起享用。

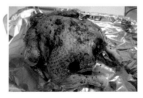

TIPS

全雞至少要醃半天，這樣才會入味，整個雞肉烤起來香氣十足，如果一隻烤雞分量太大，也可以只烤雞腿，作法簡單又美味，我曾用一樣的方式來烤豬肉也很棒的。

鮭魚卵炒飯

女兒節的改造料理

2人份

　　每年三月三日是日本的女兒節（雛祭り），我會事先在一個大吉之日把雛人形（お雛樣）從收納的箱子裡請出來。傳統上女兒節會吃的料理是散壽司，但問到我們家的女兒想吃什麼，她卻常常回答想吃炒飯，果然身體裡有一半血液是台灣人。這道鮭魚卵炒飯就是為了配合女兒的喜好加上還可以應景而誕生的大塚家獨創女兒節料理。炒飯淋上鮭魚卵居然意外地對味，再放上用蔬菜、魚肉香腸、海苔做成的人偶，節慶的氣氛展露無遺，女兒好愛，媽媽的改造料理大成功！

材料／

火腿2片
秋葵適量
蛋1顆
白飯2碗
玉米粒適量
鮭魚卵1盒
小黃瓜1段
魚肉香腸1段
白蘿蔔1塊
義大利麵1根
海苔適量

調味料／

醬油膏1大匙

作法／

1　火腿片切小塊、秋葵煮熟切小塊；平底鍋裡放油，打1顆蛋後馬上將白飯放進去炒一炒，加入火腿和玉米粒拌炒，用醬油膏調味。

2　準備乾淨的玻璃罐，將炒飯盛裝進來，中間可運用秋葵和玉米粒裝飾出顏色分層的效果，最上面撒上一層鮭魚卵。

3　將小黃瓜和魚肉香腸切成長條狀來做人偶的身體，將白蘿蔔切成圓形做人偶的臉（用模具壓出圓形更方便），利用義大利麵條將臉部和身體串聯起來，用海苔剪出頭髮和眼睛，貼在臉上。

4　用義大利麵條蘸上番茄醬點在人偶的臉頰處做出腮紅可愛的模樣，最後將做好的人偶放在鮭魚卵炒飯上方，完成。

TIPS

· 插進蔬菜裡的義大利麵會慢慢吸收水分而變軟，因此當小朋友吃到時不會讓嘴巴受傷。

· 食材中有粉紅色的鮭魚卵、綠色的蔬菜和白色的白蘿蔔，是女兒節的基本配色，有慶賀的意味，也可以採用個人喜好的食材按照這樣的配色來製作一款專屬的女兒節料理。另外，鮭魚卵有一定的鹹度，建議炒飯調味不要太重，清淡的口味更可以凸顯出鮭魚卵畫龍點睛的效果。

野餐必備人氣美食

番茄鮪魚火腿蛋沙拉三明治

5人份

　　三明治是野餐中必備的食物之一，若能多樣化準備幾種，讓視覺和味覺都很享受。其中的訣竅就是先備好幾種基本的口味，再搭配組合出不同變化，看起來非常豐富，但事實上是可以快速完成又不麻煩的！其中的人氣定番口味──番茄鮪魚火腿蛋沙拉，在柔軟綿密的吐司裡夾入豐富的內容：番茄、小黃瓜、鮪魚、蛋沙拉、火腿，當一口咬下時柔軟的吐司和鮮美多汁的材料真是絕配，這就是這道料理人氣不敗的地方！

　　這次分享的三明治餐盒是婆婆和我一起完成的，也是日本當地頗受歡迎的野餐內容，每次只要帶這樣的餐盒出去野餐，大人小孩馬上搶光光！

材料／

吐司10片
蛋2顆
鮪魚罐頭（小罐）1個
火腿5片
小黃瓜半條
牛番茄半顆
日式美乃滋適量

作法／

1 將蛋放入鍋中，用中火煮12分鐘，沖冷水後剝殼，蛋黃、蛋白分開，蛋白切碎；趁蛋黃還是溫熱時加入2大匙日式美乃滋，用湯匙背面壓成細膩的泥狀，口感會比較滑順。

2 作法1的蛋黃泥中加入切碎的蛋白、再加一點美乃滋拌勻；將鮪魚罐頭去油、拌入3大匙美乃滋，同樣用湯匙背面壓成細泥狀。

3 先在吐司上塗上一些美乃滋，再鋪上各式食材，順序是：火腿、小黃瓜片、一層蛋沙拉、牛番茄片，在另一片吐司上塗上一層鮪魚沙拉，再蓋到鋪上食材的吐司上，建議各食材之間也塗上一點美乃滋。

4 切三明治前刀子先磨利，一隻手固定住三明治，另一隻手拿刀子慢慢前後移動往下切，這道料理適合使用比較柔軟的吐司，所以吐司不用先烤過。

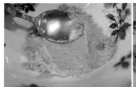   

TIPS

· 這道料理中我使用的是日式美乃滋，也可以做出自己喜愛的三明治，例如只有蛋沙拉、鮪魚沙拉或是火腿與小黃瓜、小黃瓜與番茄的個別組合，口味可以自己設計變化。

· 帶出去野餐時記得要蓋上保鮮膜和便當蓋，吐司才不會硬掉。

· 吐司邊可切可不切，隨個人喜好。

馬鈴薯蛋沙拉三明治

4人份

馬鈴薯沙拉是日本常見的家常菜，超市裡幾乎都可以買到已經做好方便讓人帶走的，店家販賣的各式便當裡也常有這道配菜，大人小孩都喜歡。我們家的馬鈴薯沙拉習慣把水煮蛋一起放進去，是大塚家婆婆跟她的婆婆學來的，這次為了寫這道食譜，請婆婆把她學到的作法分享給大家。用馬鈴薯蛋沙拉做成的三明治，也是日本定番人氣的野餐料理，清爽健康，一餐中所需的碳水化合物、蛋白質和維生素都有了。

材料／

蛋2顆
馬鈴薯3顆
紅蘿蔔1條
小黃瓜1條
火腿3片
日式美乃滋3大匙
吐司數片
生菜適量

法式沙拉醬／

橄欖油1大匙
白醋1大匙
鹽適量
黑胡椒適量

作法／

1 將蛋放入鍋中,用中火煮12分鐘;各項食材切小塊;將馬鈴薯和紅蘿蔔塊煮熟,水剛好蓋過食材,煮到大部分的水都蒸發為止。

2 預先調好法式沙拉醬,1:1的橄欖油和白醋調勻後再加少許鹽及黑胡椒調味;趁馬鈴薯和紅蘿蔔塊剛煮好,淋上1.5大匙法式沙拉醬拌勻。

3 馬鈴薯和紅蘿蔔塊稍微搗碎,不必全部搗成泥,吃起來較有口感。

4 搗碎後放涼,加入小黃瓜、火腿,用日式美乃滋調味拌勻,最後將水煮蛋切塊加入一起拌勻。

5 吐司上放生菜,塗上一層厚厚的馬鈴薯蛋沙拉,再放一些生菜,蓋上另一片吐司。

6 用保鮮膜包起來再切開比較不會散掉。

TIPS

· 這裡用的日式美乃滋和台式美乃滋最大的不同之處在於,日式美乃滋是鹹的且微酸,日系超市裡可以買得到,如果不喜歡酸味的朋友也可以用偏甜的台式美乃滋。

· 馬鈴薯蛋沙拉也很適合當成配菜與其他食物一起呈現。

免捏飯糰

4人份

在日本火紅的飯糰製作方式——免捏飯糰（おにぎらず），還出了很多本食譜專門教學作法。依照食材顏色的搭配設計出各種花樣，基本方法很簡單，適合拿來當野餐餐盒料理。這次要特別介紹日本人喜愛的牛丼和玉子燒兩種人氣口味，玉子燒除了甜的口味，也可做成鹹的日式高湯玉子燒（だし巻き卵）。

材料／

包飯糰用的四方形海苔數張
白飯適量

甜口味玉子燒
蛋2顆
楓糖（或砂糖）1大匙

日式高湯玉子燒
蛋2顆
日式高湯75毫升
醬油1小匙
鹽少許
太白粉2小匙

牛丼
牛肉200公克
洋蔥1/2顆
日式高湯400毫升
薑片4～5片
醬油4大匙
清酒3大匙
砂糖2大匙
生菜適量

作法／

1 鍋中用一點油先炒熟洋蔥，加入牛肉、日式高湯（食譜請參考p.72，也可用市售的日式高湯）、薑片、醬油、清酒和砂糖煮10分鐘完成。

2 可以做甜的或鹹的玉子燒，都是先將蛋液和調味料攪拌均勻備用。

3 在平底鍋上均勻抹上油加熱後，先倒入1/3蛋液，一邊煎熟一邊將蛋慢慢捲起。

4 將蛋捲移到鍋子的一邊，在平底鍋其餘的空位均勻抹上一層油。

5 再將1/3蛋液倒進鍋中煎，將第一次捲好的蛋卷往新倒入的蛋液方向捲回去。

6 上述的動作重複到第三次後，玉子燒就會愈來愈厚了。

7 接著開始製作免捏飯糰，將四方形海苔平放尖角朝上；海苔上先鋪上一層飯，放上牛丼、加一點生菜，最上面再鋪上一層飯。

8 玉子燒飯糰也是一樣的作法。

9 將海苔的四角往內折，完整包住飯糰。

10 包好的飯糰外面包一層保鮮膜固定住，從飯糰中間切開，刀子先沾一點水會比較好切。

TIPS

免捏飯糰是很隨興的，只要將自己喜歡的食材分層包起來，內容材料可以自由設計，上下兩層建議用飯，請盡量包扎實一點以固定住食材，再從中間切開即可。看起來像是一種飯糰三明治，適合便當、野餐、party等等，也很適合親子一起動手做。

第四話

那些日本太太
教我的事

家庭主婦的生活就像一個圓，從Ａ點出發，

再回到Ａ點，

但我還是想活出自我，

找到自己的位置。

家庭主婦 VS 職業婦女
結婚後就要辭職嗎？

家庭主婦在日本占了一個相當重要的地位，她們是家庭教育的核心、家中大小事物的推手、經濟流動的主導、日常生活的營運總監……

日本媽媽無法上班的理由我體會到了，以前總是不太理解為什麼日本女生一結婚就辭職在家當家庭主婦？就算婚後沒有馬上離職，也撐不到懷孕和小孩出生後。雖然不是所有的日本女生都如此，但我身邊許多日本朋友以及住在日本後我所知道的訊息顯示，的確大多日本女生在結婚後傾向當個家庭主婦。然而這是有原因的，而且長久以來造就了這樣的社會現象，我這個台灣媳婦嫁過來這裡後也親身經歷到了。

在日本，很多媽媽們雖然沒有上班工作，但每日的業務量卻很大，尤其是家裡有嬰兒和小小孩的媽媽們。一天幾乎二十四小時照顧小孩的生活起居和排解各種疑難雜症，家裡的各項雜事、小孩學校及課外活動的接送、學校各種行事的參與（日本學校的雜事還真不是普通地多）、與家長們的社交往來等等，幾乎都落在媽媽一個人的身上。通常爸爸每天上班都昏天暗地了（日本企業的加班現象是家常便飯），家裡若沒有一個媽媽來處裡這些大大小小的事，一個家還真的運作不下去啊！

此外，這裡的阿公阿嬤沒有幫忙帶孫的習慣，他們認為小孩是自己的責任，所以也不太會插手介入管教問題。日本也很少有安親機構及課後輔導班，下午兩三點下課後幾乎都是媽媽自己顧小孩，所有的課後才藝學習活動都要自己接送；而且日本的職場環境與工作文化不太利於婚後的媽媽們，最重要的是，大家都認為這樣的情況是理所當然的，長久以來媽媽們都是如此面對著這一切。

生在台灣，認為雙薪家庭稀鬆平常的我，一開始還覺得身為日本家庭主婦是「賺到了」，可是這幾年來每天在自己龐大的業務量上終於體認到，日本的媽媽們不是不想出去工作，而是沒辦法出去工作。如果這裡也有完善的安親班、足夠的幼兒托育機構和萬能的阿嬤，我也想把小孩丟給他們啊⋯⋯

其實每天在家裡面對一堆雜事和照顧小孩是很磨人的，很多小事雖然微不足道，但做起來卻也夠勞心勞力。更何況天天面對不怎麼講道理的小孩，就因為是自己生的才會經常陷入抓狂發瘋的狀態。可想見為何日本會有一些在家整天顧小孩導致壓力太大而無法調適自我的媽媽們，做出虐待兒童甚至殺人或自殺的悲慘事件⋯⋯。反觀台灣的職業婦女，雖然每天在職場奮鬥，下班回家後還要顧小孩，蠟燭兩頭燒的確也是很辛苦；但從另一方面來看，藉著上班時間和小孩分開一下能讓媽媽喘口氣，未嘗不是一個紓解育兒壓力的管道。甚至有些人表示，還滿期待上班的時間可以遠離一下那些「番必霸」的孩子們，原來有時上班比

在家裡帶小孩輕鬆呢！

近年來由於日本經濟不振，以往爸爸一個人就可以撐起一家經濟來源的傳統現象已漸漸崩解，需要太太也出來工作的現實考量愈來愈明顯。另外，各大公司也開始鼓勵並力行育嬰假後復職的配套措施，讓未來慢慢會有愈來愈多職業婦女的傾向；但是整個日本給予雙薪家庭的育兒支援仍然不是很健全，目前日本政府面臨的一個關鍵問題就是托嬰機構與保育人員的嚴重不足。要搶到一個公立托嬰機構的名額非常困難，於是有一篇文章〈孩子上不了保育園，日本政府去死！〉在日本掀起了很大的討論聲浪，這句話還登上二〇一六年日本流行語大賞的榜首。無論是在配合愈來愈多雙薪家庭的需求還是推動日本少子化問題的政策上，相信政府的育兒支援絕對是首要的核心工作。

也有不少日本媽媽在小孩長大進入小學中、高年級的時後再度就業，我自己身邊就有些朋友是這樣的情況。但由於日本的職場環境與工作文化不太利於有家庭要照顧的家庭主婦，而且日本大多數的工作對女性的年齡限制比較嚴格。因此除了一些有特別專長與能力的人之外，這些再度就業的媽媽們很難再找到和所學相關的工作，更別說是自己喜歡或一些專業且光鮮亮麗的職業。再加上媽媽們會考量彈性工作時數盡量以家庭為重，於是到超級市場當收銀員、一般商店的販賣人員、餐廳的服務人員、挨家挨戶的產品推銷人員等職業就成為二度就業媽媽們的優先選擇。我有一位很欣賞的媽媽朋友，日本知名大學畢業，社交能力優秀，在學校經常擔任家長會的職務，最近她在女兒升小學

四年級可以自理獨立的情況下，再度就業了；當我知道她最後去了一間地方商店街裡的日式和菓子商店當販售員時，我卻為她感慨了一下，有種大材小用之感。

日本雖然未來會有愈來愈多職業婦女的傾向，許多女性朋友也漸漸意識到兩性平權與職場上的專業領導不再是男性專屬，但整個日本傳統家庭結構和職場文化加上國家政策的支援都還有一段很長的路要走。無論如何不容置疑的是，家庭主婦在日本占了一個相當重要的地位，她們是家庭教育的核心、家中大小事物的推手、經濟流動的主導、日常生活的營運總監，我自己甚至還認為她們是日本社會安定背後的靈魂人物！

你不知道的日本主婦
24小時大揭密

我的一天幾乎是從做便當、早餐善後、打掃、洗衣等這些繁瑣卻每天必做的事開始，然後買菜、辦理各項雜事和準備晚餐要用的食材……

在日本當家庭主婦，首先一天的開始就是一場大戰，早上起來馬上進廚房做早餐和便當，日本沒有台灣那些街頭巷弄裡方便美味熱騰騰的現做早餐，有的是家庭主婦要早早起來準備的愛心早餐。做完早餐和便當後，一定要留一些時間將自己打扮一番，得體的打扮是日本人的基本禮儀，而且日本人尤其是媽媽們真的會仔細觀察別人的裝扮，久而久之自己也被潛移默化而開始留意。

許多媽媽是在送小孩和老公出門後才有時間開始吃自己的早餐，很多年前曾看到一個日本電視節目上的訪問，一天當中最喜歡的時間是何時？多數先生回答：「假日在家中與家人相聚的時光」，九成以上的太太卻說：「平日早晨先生與小孩出門上班上學後」，這個南轅北轍的答案曾讓我覺得很不可思議，多年後有了小鬼們，我居然深深認同這個訪問結果。一天中我最喜歡的時間就是把小鬼們送去上學後可以享受片刻寧靜的早餐時光，簡單也好繁雜也好，都做自己喜歡吃的，把自己餵得飽飽的，元氣十足後就可以開始一天的奮鬥。

我的一天幾乎是從做便當、早餐善後、打掃、洗衣等繁瑣卻每天必做的事開始，然後買菜、辦理各項雜事和準備晚餐要用的食材。我習慣先把食材洗好、切好或醃好備用，因為等小鬼們下課後我又要開始打仗。日本的小孩很早就放學了，但他們習慣參加一些才藝課程，一個人平均兩至三樣，如果生了兩個小孩再加上性別不同的話，一星期裡這位媽媽會被各種才藝課程的接送填滿。日本媽媽們的聊天內容有很多也是圍繞著：「你家小孩有什麼課後才藝活動？如何安排才藝課程？」根據統計，日本最受歡迎的課後活動是游泳、足球、英語會話、鋼琴和課業補習班。

另外，陪著小孩參加同學的生日宴會或是同伴之間相約的遊樂活動，例如野餐、遊樂園、BBQ、各種參觀活動等等也是日本媽媽們的日常生活之一。至今，我跟兩個小鬼一起參加了好多場生日宴會，其中日本媽媽們的宴會巧思和全心全意的精神真是讓我難忘。她們辦的生日宴會非常有條有理，從頭到尾自己一手策劃，全程跟著小孩一起做活動，好朋友的媽媽們也會一起幫忙，一種別人家小孩的生日拿來當作自己家小孩一樣盡心盡力的概念。最後大家留下來一起幫忙清掃，也沒忘記做好垃圾分類的工作，很少有人好意思丟下一切先行離開的。一場生日party應該會花掉她們很多時間與精力，但我看到的是甘之如飴。在陪伴小孩成長這方面我非常敬佩日本媽媽們，有一種既然是家庭主婦就要稱職地將該有的樣子做好，甚至做到更好。

三一一後更珍惜家人

身為家庭主婦的日本太太如何打發一天的生活因人而異，對我來說每天願意花最多時間的就是料裡，而我自己也很

珍惜這些能為家人煮菜的時光。永遠記得三一一東北大地震那一年，下午帶著兩歲的兒子要去接女兒下課，因為在車子裡並沒有感到很大的震動，只是被路邊的行人突然蹲下來的動作嚇了一跳，一時還以為大家在防空演習，直覺日本人連這個都演得好認真；但從那一刻起手機就完全斷訊了，在知道有大地震後一路狂飆至學校。校方將所有的學生安排集合在操場，從幼稚園學生到高中生全部待在一起，我放眼四處尋找女兒的身影，四歲的女孩小小的身影，找到後我才發覺自己的胃早已絞痛無比。

地震後接下來才是悲劇的開始，海嘯造成無數家庭破碎，福島輻射外洩事件爆發，大塚先生開始尋找有空位的機票，叫我帶著兩個小孩離開日本回台灣，他自己留下繼續工作維持生計。雖然人生的生離死別是必經之事，但這麼真實地發生在眼前還真是令人驚慌。飛機一到台灣，看到憂心忡忡的家人來接機，及多家台灣媒體記者等著採訪我們這些來台灣避難的「難民」，才知道原來在其他國家眼裡，日本已經是一個不能住人的地方。

好多年過去了，震後的復興工作還有一段很長的路要走，大地震也帶來了一些生活改變。在經歷了這些後，自己深深地覺得什麼都是其次了，平安健康最重要，我想要珍惜和家人在一起的每個時刻。很多朋友常誇獎我手藝好，其實料理的手藝是可以訓練出來的，我只是有一顆連自己也克制不了的心，想煮一些好吃的菜給家人品嘗的心而已。通常一些簡單的家常菜就能讓他們吃得很滿足，就像我爸媽給我們的愛一樣，平凡卻很溫暖，所以每天一早起床腦袋瓜就開始冒出家人愛吃的菜色，今天要來煮哪幾道或是研究新菜單呢？這就是我一天裡最主要的工作與樂趣了。

媽媽們的
內心小劇場

最令我頭痛的是，日本媽媽們從來不會給你直球，投出來的每顆都是變化球，跟她們相處久了，我都懷疑自己可以開間偵探社……

我們家小鬼讀的國際學校裡可以看到形形色色的各國媽媽，許多媽媽們很有能力與魅力，我在她們身上學到很多東西。大致上來說，不同國家的媽媽多少可以反映出她們共有的一些特色，每當學校有大型活動要參與討論時，這些特色又更明顯地顯露出來。舉例來說，西方國家的媽媽很會表達自己的看法，她們似乎是天生的演說家，表情動作都恰到好處，內容有聲有色常常讓我點頭連連；但有一點不太能理解的是，這些西方媽媽常說完就沒下文了，有時事後還搞失蹤，就在怎麼都聯絡不到人，很想從名單上剔除直接列入失蹤人口時，她又像一陣風突然出現在眼前，個人主義色彩濃厚，隨興至極。

再來要說的是印度籍的媽媽們，在學校裡人數也很多，因為日本企業請了不少印度人從事IT相關工作，所以在日本的印度人算是不少。這些印度籍的媽媽有一種能力，就在事情說得差不多或者已經定案時，她們會突然發表幾個不同的意見，你一句我一句又把剛剛說好的事情再度打回到原點沒完沒

了。害我開會前心裡不禁期望著，看看有誰可以暫時綁架她們一段時間直到會議結束為止（笑）。

日本媽媽們通常都是比較安靜的一群，問她們贊不贊成或有沒有意見，大多點個頭或揮揮手就沒了，但是一旦事情決定後，她們會默默耕耘搞定一切。看上去很團結一致，表面工夫做得非常好，迂迴輾轉的技巧高超，讓人完全看不出來其實私底下有時是波濤洶湧的。最令我頭痛的是，她們從來不會給你直球，投出來的每顆都是變化球，跟她們相處久了，我都懷疑自己可以開間偵探社。學校裡有這些各具特色的媽媽們，真的可以共演一部連續劇，非常有戲的。

日本是個內斂和嚴謹的民族，我在這裡住了十幾年，雖然有日本家人在身邊，也結交了許多日本朋友，但是不得不承認，這幾年在小鬼們的學校裡與許多國籍的媽媽們周旋下來，其中與日本媽媽們的社交可說是比較辛苦的。一來，日語裡一些曖昧不明的語法有時讓我搞不清楚，他們到底在說「是」還是「不是」，「要」還是「不要」也表達得模稜兩可。二來，日本人有事擺在心裡不明說的個性也常讓我在玩猜猜看的遊戲，有時還很擔心自己的直來直往和快言快語會嚇到人家。再來是日本媽媽們會觀察對方的服飾打扮，所以穿著化妝不能太隨便，我都要時時提醒自己盡量端莊一點，別太熱情奔放要優雅，要內斂還要輕聲細語，但經常破功就是了……

F4讓我交到好朋友

她第一次見到我，便笑瞇瞇地對我說：「我好愛台灣！熱愛與台灣相關的東西，喜歡和台灣人做朋友，最喜歡F4……」

這幾年下來，我也交到一些很不錯的日本朋友，在小鬼們上幼稚園以前我是個不折不扣的宅媽，每天在家顧小孩顧到都快瘋了。直到大塚姊姊開始上學後，我的世界突然擴展開來，我的日本朋友中很多都是小鬼們同學的媽媽。第一次見面馬上表示超愛台灣的N媽媽，第一個在見幾次面後就直接要求想互相到家裡拜訪的K媽媽，第一個在暑假帶著小孩來台灣找我的C媽媽，還有每次帶我去探訪美食的J媽媽，一起去關島旅行的S媽媽和她的家庭等等。多虧了這些媽媽朋友們，使我在這裡的日子增添了幾分多采多姿，她們除了帶我去吃好料以外，還會提供一些很棒的育兒資訊或各種八卦消息給我，讓我在日本離鄉背井之下也有一些當地的朋友陪我一起創造回憶。

其中要特別介紹一個女兒在幼稚園時班上同學的媽媽，一位漂亮有氣質的日本女性。記得第一次正式在校園裡打招呼，看著她遠遠地像仙女下凡般走向我，一雙美麗閃閃發亮的眼睛望著我，彷

彿當時的空間裡她只見到我，然後笑瞇瞇地對我說：「我好愛台灣！熱愛與台灣相關的東西，喜歡和台灣人做朋友，最喜歡F4，你知道……（一堆台灣偶像劇明星及歌手的名字出現）嗎？」最驚奇的是，她居然說了一口還算不錯的中文，她說自己努力學了好幾年；但我壓根不知道她說的那些偶像明星是誰，因為很久沒看台灣的電視節目，當時腦中只想到一件事：哎呀！以後在學校不能用中文大聲罵小孩啦！

這位媽媽還是一位餐飲界的女強人，她和先生經營的Bistro Barnyard Ginza開在銀座一丁目的時尚大樓KIRARITO GINZA（キラリトギンザ）裡，這棟大樓結合了各種人氣美食餐廳，，而Bistro Barnyard Ginza則是其中一間位於七樓的話題西式料理餐廳。強調所有的食材都是從日本各地農場直接新鮮進貨，將生產者注入熱情和細心栽培的新鮮食材直接帶到顧客的餐桌上，學校媽媽們的午餐聚會都很喜歡來這裡呢！除了這間人氣美味的餐廳外，他們還擁有數間蘋果派專賣連鎖店Granny Smith，販售傳統與創新結合的新式蘋果派。優雅住宅區的世田谷、潮流咖啡店集結

的青山、橫濱赤煉瓦倉庫和近來在銀座隆重登場的東急PLAZA裡都有Granny Smith的蹤跡，是一款吃了會帶來幸福感的蘋果派，在媽媽朋友們之間廣受好評。

我從這位媽媽身上得到了許多能量，她激發了我當媽媽也可以追求自我，不要輕易放棄自己無限的可能性，也不要隨便有畫地自限的想法。每每看到她在工作場合上散發著自信的光芒時，我的內心都澎湃不已，原來媽媽在認真工作時可以這麼帥氣，我也想要一抹屬於自己的絢爛，在人生中留下一些東西。於是，我慢慢地從家庭主婦的身分中挪出一些空間來，開始幫一些媒體寫文章，在網路上發表食譜，並架設臉書和部落格分享東京的生活資訊，甚至現在正在寫這一本生活體驗與食譜分享的書籍。

媽媽的角色是可以多樣化的，雖然我在東京是一個家庭主婦，是擁有兩個孩子的媽，還是個外國人，但也想努力活出自我。我現在正用自己的方式尋找兩國文化的平衡點和一個適合自己、擁有自我的位置，縱然離開了自己的國家和專業領域，但我會在這裡繼續發光的。

冰鎮白玉糰子

小柴造型讓人捨不得吃下肚

4人份

利用白玉粉和豆腐的組合做出來的冰鎮白玉糰子，冰冰涼涼、QQ嫩嫩的，在夏日炎熱的午後來一碗馬上可以把酷暑的熱氣一掃而空。如果再做成現在大流行的小柴造型更是療癒感十足，在我們家是經常親子一起動手做的人氣甜點料理，附上兩種糖醬，假日大家可以在家試試看。

材料／

白玉粉150公克
嫩豆腐200公克
海苔1張

日式甜醬油
太白粉1大匙
水150毫升
醬油2大匙
味醂2大匙
砂糖2大匙

黑糖蜜
黑糖45公克
水150毫升
蜂蜜1大匙

作法／

1 將白玉粉和嫩豆腐混合慢慢揉勻直到粉末不見，如果太乾可以加一點水進去。

2 取適當大小揉出一顆顆糰子，再將糰子捏成想要的造型，如柴犬的頭部，鼻子的地方可以做成尖尖凸起的模樣，下半身做出凹狀的腳。

3 白玉糰子放進熱水裡，煮到浮出水面上再滾1～2分鐘，煮好後將糰子撈起，放入冰水裡冰鎮一下。

4 日式甜醬油：小鍋中加入太白粉和水先拌勻，再加入醬油、味醂和砂糖用小火煮開，記得要不停地攪拌。

5 黑糖蜜：將黑糖加入水中煮滾，攪拌均勻後再加入蜂蜜，用小火煮出一點濃稠度，放冷冰鎮後淋在冰白玉上一起享用。

6 用海苔剪成眼睛、鼻子和嘴巴的形狀放到頭部；剪數片細長條海苔做成「米」字形來呈現屁股的模樣，再把頭部與身體用竹籤串起來。將煮好的日式甜醬油淋在小柴的頭部和身體，以呈現柴犬的毛色分布。

7 也可以做成沒有造型的冰白玉，取適當大小揉出一顆顆糰子，壓平後中間再用大拇指壓出一個凹槽，淋上甜醬時可蘸上較多醬汁。

TIPS

煮日式甜醬油時，記得用小火且要不停地攪拌，兩種醬汁都可以隨個人喜好調節甜度。另外豆腐裡的含水量足夠將白玉粉混合均勻，如果有點乾可斟酌加一些水。白玉粉在日系超市裡買得到，如果沒有以糯米粉取代也可以。

舒芙蕾起司蛋糕

化解與女兒衝突的潤滑劑

4人份

　　女兒長大了開始有強烈的自我意志，我應該是要開心的；但不知為何，她開始拒絕陪伴卻讓我耿耿於懷，她想掙脫我的手去探險讓我心驚膽顫，她不耐煩的表情讓我的心在淌血，她的頂嘴令我心碎……。我知道該慢慢放手，我明瞭該調適我們之間的界線與我自己的底限，這一放一收的智慧真是個磨人的歷練。

　　於是邀請女兒一起做下午茶點心，變成了我們之間衝突吵架後的潤滑劑，在一邊做一邊聊天的同時，我會慢慢跟女兒溝通，也會跟她說聲對不起。無怨無悔的親情背後，是一條不斷互相磨合和衝突的不歸路，從中進而激發出無條件包容與接納的元素。

　　這款舒芙蕾起司蛋糕我們一起做過很多次（因為吵過很多次），也研發出許多口味，作法非常簡單，基本食材只要三樣，這次我另外加入 OREO 餅乾和乾燥柳橙片以增加風味。

154

材料／

奶油起司100公克
蛋2顆
砂糖30公克
OREO餅乾數片
乾燥柳橙片數片

作法／

1 蛋黃和奶油起司攪拌均勻。

2 蛋白放入鋼盆，分2次加入砂糖，用電動打蛋器打到泡沫可立起來的狀態。

3 將蛋白泡沫分3次緩緩加入作法1拌好的奶油起司裡，由下而上輕輕攪拌，不必拌得太過均勻才能保留蛋白蓬鬆的口感。

4 取作法3蛋糕麵糊注入烘焙紙杯裡，上面放1片OREO餅乾或乾燥柳橙片，如果怕太重使蛋糕蓬鬆不起來的話，可改放在杯子底部；放進預熱至180℃的烤箱，記得在烤盤裡加一些水，再以180℃烤25分鐘左右即完成。

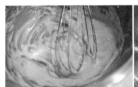

TIPS

這款舒芙蕾起司蛋糕的口感比較柔軟綿密及蓬鬆濕潤，適合做好馬上享用。如果喜歡扎實一點的人可在作法1加入40公克過篩的低筋麵粉和30毫升的牛奶攪拌均勻，這樣做好的蛋糕經過一段時間仍可以維持基本蓬鬆的形狀。照片中的長方形巧克力香橙舒芙蕾起司蛋糕，就是用此配方做成的。

鍋煮奶茶布丁

成熟大人的下午茶

3人份

香濃熱騰騰的鍋煮奶茶，還可以把它變成冰冰涼涼的布丁，在煮茶的過程中我加入一些香料，讓鍋煮奶茶帶點成熟大人的風味，喜歡原味奶茶的人可以省略香料的部分。有一次朋友從台灣帶了一包乾燥的珍珠粉圓給我，煮熟後將珍珠粉圓放在奶茶布丁上，就變成了珍珠奶茶布丁，非常有意思！

材料／

牛奶300毫升
水100毫升
紅茶包1包
蛋2顆
薑片2片
黑胡椒粒8～10顆
肉桂1小條（可省）
砂糖1～2大匙

作法／

1 將紅茶包、薑片及香料（可隨個人喜愛增添香料的種類）放入水中用中火煮滾。

2 煮滾後再煮1分鐘，加入牛奶和砂糖攪拌均勻（可調整自己喜愛的甜度），沸騰前關火，用濾網過濾薑片與香料只留下奶茶放著冷卻。

3 打勻蛋液，加進冷卻後的奶茶裡攪拌均勻，用濾網過濾幾次。

4 奶茶倒入玻璃罐或布丁杯中。

5 鍋內放好蒸架，加入1杯水，放進玻璃罐或布丁杯蓋上鍋蓋，鍋蓋處請墊一塊布吸水用，水沸騰後轉中小火蒸5分鐘，關火後再燜15分鐘。

6 做好的布丁冷卻後放進冰箱裡冰鎮，可在布丁上加入楓糖、蜂蜜、優格、鮮奶油和水果等以增加風味。

TIPS

各式香料可增添奶茶的深度與成熟大人的風味，是一款很不一樣的香料奶茶布丁，也可以只用牛奶、砂糖、蛋和幾滴香草精做出小朋友喜愛的雞蛋牛奶布丁。

不必烤優格起司蛋糕

創意ＤＩＹ的玻璃罐甜點

2人份

　　日本有一陣子非常流行玻璃罐沙拉，把沙拉醬淋在玻璃罐最下層，再將各式生菜依照顏色和形狀設計分層擺好，吃之前將玻璃罐搖晃一下讓沙拉醬均勻分布於生菜四周即可食用。過沒多久日本又開始風行「玻璃罐甜點」（ジャーケーキ），作法也是簡單又自由，材料可隨自己的創意變化多端，這個不必烤的優格起司蛋糕就是其中定番的人氣食譜之一，原理和玻璃罐沙拉類似。

材料／

原味優格300公克
奶油起司150公克
砂糖15公克
玉米片（或水果穀物麥片）適量
葡萄（任何水果皆可）適量

作法／

1 先把原味優格的水分過濾掉，通常需要至少1個小時（請放在冰箱裡進行比較安心），濾愈久優格的水分會愈少，做出來的起司蛋糕比較固體化不會水水的，可利用咖啡沖泡過濾器來過濾優格的水分。

2 將過濾好的優格、奶油起司和砂糖（甜度可自行調節）用攪拌器攪拌均勻。

3 準備乾淨的玻璃罐或玻璃杯，第一層先放一些玉米片（或水果穀物麥片），第二層加入拌勻後的起司優格，第三層再放進一些水果。

4 承上個步驟，再重複一次放上第一至第三層的材料，放入冰箱冰鎮後即可享用。

5 另外還有更簡易的玻璃罐甜點，作法也是非常自由。首先在玻璃罐底層放一些海綿蛋糕。

6 加入1湯匙草莓果醬，再加入1湯匙優格（先將優格水分過濾）。

7 作法5～6重複一次，擠一層厚厚鮮奶油在最上層，擺上幾顆草莓，放入冷凍庫至少15分鐘即可。

TIPS

‧可以自己設計各種玻璃罐甜點，要搭配任何水果都可以喔。

‧這款甜點裡的玉米片或水果穀物麥片已有足夠甜度，因此使用的砂糖量不需太多。

荷蘭鬆餅

在家也能做出餐廳的人氣甜點

2人份

有一年日本某家知名的現烤起司塔專賣店推出了麝香綠葡萄「晴王」起司塔，「晴王」是岡山縣特產綠葡萄專有的名字，像寶石一樣閃亮的甜點非常迷人，只可惜吃到嘴裡時卻覺得太多調味將水果本身特有的風味給掩蓋了。於是興起一個自己動手做的念頭，利用口味淡雅的荷蘭鬆餅（Dutch Baby）當基底，把水果鋪在上方相似度極高。外皮烤得酥酥脆脆的荷蘭鬆餅帶點淡淡甜味，加上奶油起司內斂的鹹度，可以把各種食材的美味襯托得更明顯出色。

材料／

蛋1顆
牛奶60毫升
中筋麵粉60公克
砂糖10公克
鹽少許
奶油5公克
奶油起司適量
各式水果隨意
糖粉適量

作法／

1 烤盤或鑄鐵平底鍋放入烤箱中以220℃預熱；將蛋液、砂糖和鹽攪拌均勻，放入牛奶和中筋麵粉（建議麵粉篩過會比較細緻），再攪拌均勻。

2 拿出預熱後的鑄鐵平底鍋或任何烤盤，放進奶油，此時奶油會遇熱融化，將平底鍋搖晃一下使奶油均勻布滿鍋內。

3 倒入作法1做好的麵糊。

4 放進烤箱中，以220℃烤15～20分鐘，當鬆餅整個蓬鬆起來後就可以取出。

5 塗上一層奶油起司。

6 將切好的葡萄或各式水果擺上裝飾並撒上糖粉即可享用。

TIPS

另外也可以在生的麵糊裡直接放進火腿或培根，打入1顆蛋，再放進烤箱裡一起烤，有料的荷蘭鬆餅也是不錯的選擇。或是在烤好的鬆餅上加一些生菜、酪梨切片，再淋上各式沙拉醬，一道荷蘭鬆餅沙拉也可以豪華登場。鹹甜都適宜，口味變化和各種食材的利用都可以很隨意的。

萬用鬆餅粉

學一招就能輕鬆變

鬆餅可說是近來最火紅的人氣甜點之一,外面不乏大排長龍的店家,其實在家也可以輕鬆做出餐廳級的鬆餅。這裡要跟大家分享一個非常簡單又實用的萬用鬆餅粉,只要先將基本的鬆餅粉調出來,就可以從中變化出各種華麗的口味,不論口感和風味都不會輸給外面專業鬆餅店的。

材料／

中筋麵粉150公克
無鋁泡打粉10公克
砂糖15公克
鹽1/4小匙
蛋1顆
牛奶200毫升
融化奶油1大匙

作法／

1 將中筋麵粉和無鋁泡打粉過篩入瓶罐中或保鮮夾鏈袋裡，加入砂糖和鹽，上下搖晃均勻；也可以按照材料中的比例多做一些鬆餅粉寫上製作日期保存起來，要用的時候非常方便。

2 先將蛋液打勻後，再加入牛奶和做好的鬆餅粉攪拌均勻調成鬆餅麵糊，最後加進融化奶油拌勻，這樣的分量大約可以煎烤出6片鬆餅。

3 可使用烤鬆餅機或用平底鍋來煎鬆餅，加上各式新鮮水果、撒上糖粉再擠上鮮奶油即可上桌，還可以淋上蜂蜜、楓糖漿或巧克力醬等，讓美味更加分。

4 另外我個人也很喜歡在原味鬆餅上加上自己喜歡的燻鮭魚和酪梨，淋上希臘優格、撒上鹽和黑胡椒，清爽又開胃。

5 或是加上一球馬鈴薯蛋沙拉（作法請參考p.128），再搭配一些生菜也很不錯。

6 也可以在鬆餅上放上煎好的肉片，淋上醬汁撒上蔥花等等，變化出一款鹹口味的另類鬆餅。

TIPS

如果用平底鍋煎的話，建議可將蛋白和蛋黃分開處理，蛋黃、鬆餅粉和牛奶拌勻，蛋白用電動攪拌器打成霜泡狀分3次加入鬆餅麵糊中輕輕拌勻，就可以做出鬆軟的舒芙蕾鬆餅，此時蛋使用3顆效果為佳。

鹹豬肉烤飯

讓外國媽媽瘋狂的台灣代表

4人份

小鬼們的學校在學期末前會舉辦大家一起同樂的 party，每位家長可以準備一樣菜，最好是代表自己國家的料理。我第一次準備時真是想破頭，台灣料理這麼多，哪一道適合端出來給外國人吃呢？

終於讓我想到娘的家常菜鹹豬肉，煎烤後香噴噴的鹹豬肉非常下飯。另外為了在 party 上方便取用，我把它鋪在菜和飯上面，讓大家可以用湯匙直接挖取。剛好學校裡有烤箱可以使用，我們台灣菜就是要熱騰騰地吃！於是靈機一動，在 party 正式開始前，我再把它放進烤箱裡烤一下。沒想到最後用烤箱烤過的步驟可以使豬肉更香更「恰」，外國媽媽們吃過後都指定我下一次還要準備這道料理！

材料／

三層肉500公克
豆芽菜1包
韭菜1把
大蒜末2大匙
鹽適量
黑胡椒適量
白飯適量

作法／

1　三層肉上先用鹽、黑胡椒和大蒜末均勻塗抹，醃一晚較入味。

2　醃了一晚的三層肉切片，放入平底鍋內兩面煎到「恰恰」（表面酥脆）。

3　這時豬肉會出很多油，倒掉一些油，鍋內剩一些餘油來炒豆芽菜和韭菜，因為三層肉已有足夠的鹹味，此時只要加一點鹽和胡椒粉調味就好。

4　將白飯放在容器下層，中間鋪上炒好的青菜，最後再擺上煎好的豬肉片，要吃之前放進烤箱，以200℃烤10～15分鐘即可。

TIPS

最後再用烤箱烤過的這個步驟，讓鹹豬肉美味升級，香噴噴的誰都抵擋不住它的誘惑，肉汁和菜汁滲透到飯裡，若再烤久一點還會有鍋粑出現。

水晶蝦仁蒸餃

氣勢不輸人的中式料理

4人份

不得不自豪一下我們的中式料理，每次在學校期末的午餐 party 或是和媽媽們的家庭聚會時，我只要從袋子裡一拿出中式料理，大家就會聚集而來讚嘆聲連連。大黃瓜鑲肉、鹹豬肉烤飯、橙香美乃滋蝦球等都是我準備過的料理，我們的中式料理總是有一種氣勢吸引各國人士的注意，而這道水晶蝦仁蒸餃引起的驚叫聲是最大的。

材料／

蝦子15隻
雞絞肉200公克
山藥泥魚板1片（可省）
洋蔥末1/4顆
越式春捲皮5張
水100毫升
太白粉2大匙
鹽1小匙

調味料／

砂糖1/2小匙
酒1小匙
醬油1小匙
香油2小匙
胡椒粉少許
鹽少許
太白粉2大匙

作法／

1 清除蝦子背上的腸泥後，用水、太白粉和鹽抓一下再用水清洗乾淨，將5隻蝦子切小塊放進雞絞肉中，再加入山藥泥魚板、洋蔥末和調味料，用手攪拌均勻。

2 剩下的蝦子在腳部劃幾刀後拉直，這樣可以減少蝦子煮熟後會彎曲的情形。

3 將作法1的肉餡捏成橢圓肉團。

4 越式春捲皮泡一下水，切一半，在春捲皮上放一個肉團，再放上一隻蝦子。

5 承接上個步驟，將內餡包起來，完成水晶蝦餃。

6 大鍋裡加半杯水，放一張烘焙紙在上面，擺上水晶蝦餃（多間隔一些空間），用中火蒸10分鐘；剛蒸好時水晶皮具有黏性請小心取用。

TIPS

越式春捲皮泡一下水，在還沒完全變軟時趕快切一半，並將肉餡和蝦子包起來，泡得太軟反而不太好處理。日本人在吃這種中式點心時，習慣蘸放了日式黃芥末的醬油一起享用，大家不妨也來試試看囉。

山藥明太子香蒜橄欖油

記憶裡的異國風味！

2人份

香蒜烤田螺是大塚先生和我的一道「愛恨糾纏料理」，我們都很喜歡它，但以前大塚先生曾吃過它後發生眼睛異常腫大的現象，所以盡量克制自己不要碰它。而我因為不想獨樂樂也盡量克制自己不要點它，於是在英國的餐廳裡有幾次看到它出現在菜單上，我們都只能遺憾地痛失享用它的機會。

回到日本後，在許多餐廳裡發現各式各樣的香蒜橄欖油料理（Ahijo）有著類似的風味，因此我開始嘗試不同食材的香蒜橄欖油料理，有香蒜蘑菇、章魚、鮮蝦、番茄起司等等。這次挑一樣最特殊的食材來跟大家分享，明太子與山藥的結合，味道和口感都非常特別。說也奇怪，當我開始在家裡自製 Ahijo 料理時，常常會想起這段異國求學的種種回憶。

材料／

山藥1/3條
明太子1條
蒜末1大匙
紅辣椒1根（可省）
橄欖油200毫升
鹽少許
小番茄適量（可省）
乾燥羅勒碎末適量（可省）

作法／

1 山藥削皮切片約1.5公分寬，紅辣椒切片；明太子從中間切開薄膜，取出裡面的明太子。

2 小鍋中放入橄欖油和蒜末用中火加熱，油熱後再放入山藥片。

3 若喜歡吃辣可加入紅辣椒片（不吃辣可省略）。

4 小火煮2分鐘後加入明太子再煮1分鐘即可，明太子已有鹹味所以用少許鹽調味就好。

5 有時我會放一些小番茄一起煮，再撒一點乾燥的羅勒碎末，多了一點酸味和羅勒香的點綴也不錯。

TIPS

除了山藥和明太子外，還可以放自己喜歡的食材如蝦子、貝類、小魚等等，將做好的Ahijo淋在麵包上一起吃，蒜味橄欖油的香氣四溢非常吸引人。剩下的明太子蒜味橄欖油還可以塗在麵包上烤一下做成大蒜麵包，或是加在白飯上意外地下飯，大力推薦給大家。

馬鈴薯千層派

好吃到忍不住大叫！

（4人份）

在英國讀書的歲月裡，雖然以自炊為主，但偶爾也想去市中心的餐館享受一下不一樣的用餐時光，來轉換終日在宿舍和校園裡讀書的枯燥氣氛。尤其在最後寫論文的階段，大塚先生和我也意識到在一起的時間漸漸變短了，而更加珍惜外出同遊的機會。

在食物不是那麼美味出色的英國，我們卻難忘一道在學校附近吃到的馬鈴薯千層派，記得我們吃到這道料理時，兩人因驚豔無比而開心地大叫一聲，還引來服務人員的噓寒問暖與我們聊了許多留學生在英國生活的話題。後來我特意學了這道菜，每當在吃這道菜時就會想起我們那段單純又青澀的青春歲月。

材料／

馬鈴薯5顆
火腿（或培根）適量
牛奶300毫升
大蒜1瓣
起司適量

調味料／

鹽2/3小匙
黑胡椒適量

作法／

1 馬鈴薯切細片，火腿（或培根）切小塊，大蒜磨成泥。
2 鍋裡放入馬鈴薯片、火腿（或培根）、牛奶和蒜泥，煮滾後再以中火煮3分鐘，加入一些起司、鹽和黑胡椒拌勻。
3 煮好後盛入烤盤。
4 馬鈴薯上面鋪上一層起司，將烤盤放進烤箱以200℃烤25～30分鐘。

 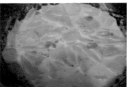  

TIPS

這道馬鈴薯千層派雖然是以馬鈴薯為主，但我也曾經加入地瓜和南瓜片一起烤，發現非常美味，另外除了火腿、培根外，也很適合放雞肉塊。

優格起司羅勒雞胸肉

是懶人料理裡也是高級晚餐

2人份

這一道也是懶人料理，就算休假中和孩子們在外面走跳一整天，這道懶人料裡可以快速變成高級晚餐。用優格來醃製的肉料理能讓肉質更鮮嫩柔軟，只要放在冷藏室備用，至少一天、最多三天，優格幫你把雞胸肉柔軟美味升級！

材料／

雞胸肉1大塊
新鮮羅勒數片（可省）
起司粉適量（可省）

調味料／

原味無糖優格2大匙
起司粉2大匙
乾燥羅勒碎末適量
鹽適量

作法／

1 雞胸肉洗淨擦乾，用鹽將兩面塗抹均勻，再加入原味無糖優格、起司粉和乾燥羅勒碎末，至少醃1天，最佳風味為2天；如果家裡有任何香料鹽也可以撒一些增加風味。

2 將醃好的雞胸肉放進烤盤裡。

3 蓋上鋁箔紙以200℃烤20分，再拿掉鋁箔紙烤10分即可。

4 直接切片吃就很美味，可加上一些新鮮的羅勒葉，或是在吃之前撒一些起司粉。

TIPS

先蓋上鋁箔紙烤後再拿掉鋁箔紙烤一下比較不會讓醬汁太早烤焦，用優格醃過的雞胸肉意外地鮮嫩柔軟，另外拿來夾入三明治或貝果也很適合。

通常在放假前我會準備一些懶人料裡備用，其中一種是用優格來醃製的肉料理，作法簡單方便，可以冷藏保存二至三天，用優格讓肉質更鮮嫩柔軟的祕訣在這道料理中展露無遺。蜂蜜的甜美和味噌蘊含深度的鹹味，讓這道豬肋排在味道上呈現豐富的層次感，非常下飯，一不小心會多吃一碗白飯的！如果幸運有剩下來的豬肋排，我會把它切小塊，第二天拿來炒飯，小鬼們直呼好吃得不得了呢！

蜜汁味噌優格豬肋排

吮指回味又下飯

4人份

材料／

豬肋排10隻

調味料／

原味無糖優格3大匙
味噌2大匙
蜂蜜2大匙
砂糖1大匙
鹽適量

作法／

1 豬肋排洗淨擦乾，撒上一些鹽兩面抹均勻，取原味無糖優格、味噌、蜂蜜、砂糖（甜度可自行調整）調成醃料，塗抹在豬肋排上冷藏醃2晚。

2 進烤箱前用紙巾先擦掉一些醃料，蓋上鋁箔紙以220℃烤30分，拿掉鋁箔紙再烤10分。

3 烤好的豬肋排非常入味下飯（配麵包也不錯），小孩們吃到欲罷不能地舔手指。

4 建議也可以跟馬鈴薯、南瓜、紅椒和洋蔥一起烤，這時肋排的醃料就不需要擦掉，反而可以將醃料抹在蔬菜上調味。

TIPS

進烤箱前先用紙巾擦掉一些醃料是因為肉醃了2天已經很入味，醃料不用太多，不然味道會太重，也可以依照喜愛的口味自行斟酌調味料的比例。

其實這是大塚先生在網路上找到的食譜，有幾次我身體不舒服，他擔心第二天沒人做便當給小鬼們，所以事先在網路上查好食譜，前一天晚上做起來備用，好讓我第二天裝進便當盒裡就好。沒想到小鬼們很喜歡這道鮪魚美乃滋電鍋飯，就算我身體沒有不舒服，也會請大塚先生做來吃的。

鮪魚美乃滋電鍋飯

史上最懶電鍋飯

6人份

材料／

鮪魚罐頭（大罐）1個
日式美乃滋適量
米3杯
醬油2大匙
水適量

作法／

1 鮪魚罐頭去油，放進洗好的米中。
2 加入醬油，再加水至3杯米的水量處，攪拌一下，按鈕炊煮即可。
3 煮好後淋上一些日式美乃滋拌一拌，更可增加風味。
4 香噴噴的電鍋飯直接享用或做成飯糰都很可口，或是簡單煎顆荷包蛋放上去就很美味了。

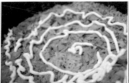

TIPS

和p.35炊飯食譜裡的TIPS一樣，米洗好後泡水30分再濾水30分可以煮出入味且粒粒分明的電鍋飯。
另外，電鍋和一般的煮飯鍋都可以做出這道料理的。

蔥花鹽牛舌

一試成主顧的美味

4人份

來到日本後發現牛舌很好吃，尤其是在吃到某間知名日式燒肉店裡的蔥花鹽牛舌後就愛上了這種滋味。於是大塚先生幫我上網查詢蔥花鹽的作法，驚覺實在是太簡單了，而且除了牛舌外還可以運用在其他肉類，做個蔥花鹽雞排或豬肉，還是跟豬下巴肉一起炒來吃都好美味啊……

材料／

蔥5大根
鹽1.5小匙
（建議天然粗鹽）
白芝麻1大匙
胡麻油100毫升
牛舌（或其他肉類）數片

作法／

1　將蔥切細，用鹽拌一拌。
2　把胡麻油放入鍋中加熱，和白芝麻、蔥花一起煮1分鐘即可關火。
3　將煮好的蔥花鹽放進瓶罐中，用不完可以冷藏保存，但建議盡快使用完畢。
4　煎好牛舌或其他肉類後，在上面放1小匙蔥花鹽就很夠味了。

TIPS

・還可以用蔥花鹽牛舌包著白飯做成握壽司，非常美味；或是拿蔥花鹽來搭配各式肉類都很適合。
・家裡如果有蔥用不完，製作蔥花鹽是個保存青蔥的好方法，放在冰箱裡備用，絕對是料理各種肉類的超級好幫手。

奶油蒜香醬油烤雞腿

料理就從模仿開始

2人份

我家大塚爺爺常說，如果希望自己的妻子廚藝好、品味佳的話，那就要常常帶她上餐館見識一下，當一個人的味蕾漸漸被寵壞後，他對自己煮出來的東西也會嚴格審核。我覺得很有道理，當我在餐廳吃到令人驚豔美味的料理時，的確會想辦法去模仿，試著煮出一樣口味的東西，所以大塚先生也常常帶我去吃美食，雖然我們是找藉口出去吃的成分居多。

這道奶油蒜香醬油烤雞腿，就是我在餐廳裡吃到想回家煮給大家吃的一道時尚料理，但做起來卻是非常簡單快速，所以它也變成了我在忙碌時的懶人料理之一。還好有它的出現，因為真的太方便而且全家都讚不絕口，但我不會讓他們知道作法怎麼這麼輕鬆啊……

材料／

雞腿2大塊
鹽適量
黑胡椒適量

醃料／

蒜片1瓣
奶油10公克
醬油3大匙
糖1小匙
水2大匙

作法／

1　用叉子在雞腿肉上叉一叉好讓醬汁入味，再抹上一點鹽和黑胡椒。
2　先在平底鍋裡用奶油爆香蒜片，加入醬油、糖和水，用中小火煮一下。
3　將煮好的醃料淋在抹過鹽和黑胡椒的雞腿肉上，至少醃30分鐘。
4　蓋上鋁箔紙，放進烤箱裡以220℃烤30分。
5　拿掉鋁箔紙後再烤10分即完成。

TIPS

香噴噴的奶油蒜香醬油烤雞腿直接烤來吃或配飯都很美味，因為每家烤箱的火力不太一樣，若發現仍有不太熟的地方請放回烤箱裡再烤一下，帶骨或不帶骨頭的雞腿肉都很適合。

馬鈴薯泥法國鹹派

低卡又清爽就大口吃吧！

4人份

　　我和大塚婆婆非常喜歡吃法國鹹派，但又很擔心它那高熱量的派皮，所以我已經很久沒做這道菜了。有一次為了準備母親節特餐，我成功地做出低熱量卻原味不減的法國鹹派，用馬鈴薯泥來代替派皮，口感上雖然少了派皮的酥脆，但卻多了另一種綿密細緻的風味，大家都覺得非常可口，是一款低卡清爽的法國鹹派。

材料／

馬鈴薯5顆
洋蔥¼顆
火腿4片
菠菜1小把
鴻喜菇1包
蘑菇數個
南瓜¼顆
奶油1大匙
太白粉2大匙
牛奶250毫升
蛋3顆
起司適量

調味料／

日式美乃滋1大匙
雞高湯粉1小匙
鹽適量
黑胡椒適量

作法／

1 馬鈴薯削皮切塊煮熟後，加入奶油壓成泥狀，再加入太白粉和100毫升的牛奶拌勻，用鹽和黑胡椒調味。

2 火腿、蘑菇切片，洋蔥切絲，菠菜切小段，南瓜切小塊先用水煮熟；平底鍋中放一點橄欖油，先入洋蔥炒一下再將火腿和全部的蔬菜、菇類炒熟，用鹽及黑胡椒調味。

3 在烤盤上先鋪一層烘焙紙，將馬鈴薯泥均勻鋪於烘焙紙上（底部和四周），塗上1顆蛋黃液（剩下的蛋白留用），放進烤箱以180℃烤15分鐘以取代派皮。

4 取出烤好的派皮，作法2炒好的材料先去掉菜汁後均勻鋪在派皮上，將2顆蛋液和作法3剩下的蛋白、日式美乃滋、雞高湯粉和150毫升牛奶拌勻，倒入派皮內（先以濾網過濾為佳）。

5 撒上一些起司再放進烤箱180℃烤30～40分即可。

6 烤好後利用烘焙紙可輕易地將法國鹹派從烤盤中取出，切片。

TIPS

因為外層是馬鈴薯泥而不是一般派皮，所以整個派會比較鬆軟，切的時候請慢慢切，有一點鬆散也沒關係，味道仍然是很美味的。

千層白菜豬肉鍋

入口即化的日式疊煮料理

（4人份）

在日本的某一年冬天，電視上常看到小栗旬和唐澤壽明的廣告，裡頭都出現了千層白菜豬肉鍋這道菜，尤其是唐澤將日式橘醋醬（ぽん酢）淋在千層白菜豬肉上，大口大口地吃非常吸引人。我們家也開始常常做這種日式疊煮料理，作法簡單卻很美味清甜，主要是食材的原汁原味再加一點高湯調味就好。清淡爽口的大白菜和豬肉燉得嫩嫩的幾乎入口即化，一整鍋吃光光都不會膩。

材料／

大白菜半顆
豬肉片400公克
鴻喜菇1包
各式蔬菜適量

調味料／

蒜泥1小匙
薑泥1大匙
醬油1大匙
酒1大匙
鹽1小匙
日式高湯500毫升
乾紅辣椒切片適量（可省）

作法／

1　一葉大白菜上放一片豬肉片，重複疊5～6層。

2　承接上個步驟，疊好後再切片，斷面就很整齊漂亮。

3　豬肉白菜切幾段排入鍋中，排法可自行變化，也可在上方或其他空位隨意增加各式蔬菜。

4　最後將蒜泥、薑泥、醬油、酒、鹽和日式高湯（作法請參考p.72，也可用市售高湯）拌勻加入鍋中，蓋鍋蓋用中火燜煮10分後，再用小火燜煮20～30分。

5　豬肉和白菜的疊煮直接吃就很好吃，建議蘸點日式橘醋醬（ぽん酢）以增加風味，或搭配自己喜歡的醬料享用。

6　剩下的湯汁是豬肉和蔬菜甜美的精華，用來煮粥，再撒些蔥花，剛好畫下一個完美的句點。

TIPS

・排千層白菜豬肉鍋時請排得密集一點才不會散掉，另外，耐心用中小火煮久一點，白菜和豬肉的口感就能燉得很細緻入味。

・這道菜清淡爽口，是日本健康疊煮料理的主力菜色，可使用其他食材，也可採用由下而上的疊層方式來燜煮；喜歡口味鹹一點的朋友，調味料可以放重一些或用各式沾醬來提味。

附錄

醬料與超市
人氣商品

許多人到日本旅遊時也不忘逛一下當地超市，

超市到底有什麼吸引人的地方呢？

日式料理中蘊含深度的風味，又要如何運用醬料及調味料畫龍點睛？

以下就來看看有哪些是日本家庭必備的醬料，

以及超市的人氣商品和便利的調味料。

家庭必備的醬料與調味料

只要善加運用醬料和調味料，不僅可以讓食物的滋味更上一層，也可以做出不同變化的料理。日本有許多獨特的調味產品，想做出道地的日本味，更是少不了這些調味料！而在日本家庭中，哪些是必備的醬料與調味料呢？讓我們來看看吧！

▲日式黃芥末
和からし

屬於比較溫和且不會太嗆鼻的香辛料，外國人也常以東方芥末來稱呼它。日本人在吃燒賣、肉包和蒸餃等這類的中式點心時會蘸一點加了日式黃芥末的醬油來增添風味。我們家喜歡在日式美乃滋裡加一些日式黃芥末拌勻，就是一種非常美味的蔬菜條沾醬了。

◀日式美乃滋
マヨネーズ

在日本可說是家家戶戶必備的調味料之一，和台灣美乃滋最大的不同處在於，它的味道是鹹的並帶點微酸。本書介紹的部分食譜都少不了它的調味，目前在日本幾乎獨占市場的就是這款Q比（キューピー）美乃滋。

▶日式橘醋醬
ぽん酢

日式橘醋醬也是日本家庭裡常備的調味料，常常
出現在火鍋的沾醬裡，生魚片尤其是白魚類的清
爽吃法也會用到它，例如河豚、鯛魚等生魚片，
日本人喜歡蘸日式橘醋醬享用。清爽的香氣與酸
勁十足的味道是最主要的特色，其中我特別喜歡
加了柚子清香的日式橘醋醬。

▼日式柴魚醬汁
めんつゆ

多用在吃蕎麥麵、烏龍麵和天婦羅時的沾
醬，通常加水稀釋後加點蔥花或蘿蔔泥就能
直接使用，在日本有時也會被拿來當作料理
的調味料之一。濃厚的柴魚香氣與甜味是其
主要特色，本書的親子丼和天婦羅食譜就必
須用到它來調味和當沾醬。

▲日式炸豬排醬
中濃ソース

最常用在炸豬排、可樂餅、炸蝦、
炸牛肉餅等炸物類的沾醬上，直接
使用或是撒上芝麻粉一起使用都很
提味。另外日式炒麵的醬料也可以
用日式炸豬排醬來調味，富有酸酸
甜甜的蔬菜果香風味。（這種中濃
醬汁在關東地區比較常被拿來當作
炸豬排醬）。

◀七味唐辛子
しちみとうがらし

簡稱七味粉，是由辣椒和其他六種香辛料製成。日本人在吃熱的蕎麥麵、烏龍麵和一些湯類時常用七味粉提味，甚至燒烤或串燒也會使用。其中添加了柚子清香的七味粉是我來日本後愛上的調味料之一。

▶日式柴魚高湯粉
　和風だし

日本料理中不可或缺的日式高湯，是用昆布、柴魚、魚干、香菇等提煉出來，超市裡可見各式相關產品，只要加一點就風味無窮。散發著濃厚卻高雅的柴魚鮮美香氣，強調無添加化學成分和食鹽，是我們家料理的好幫手。

◀法式清湯高湯塊
　コンソメ

一種結合肉類與蔬菜提煉出來的高湯，去除雜質後留下清澈的湯頭，市面上有粉末、顆粒和塊狀的產品。在西式料理食譜中常會看到它登場，我們家在料理「北海道燉牛奶」時就會用它來提味。

◀伍斯特醬
ウスターソース

伍斯特醬起源於英國，是一種黑醋，味道酸酸甜甜的，在關西地區會和炸豬排醬合併使用，也適合與炸物搭配。我們家習慣用伍斯特醬加番茄醬調和成漢堡排的醬汁，兩者酸甜的元素融合，可將漢堡排的美味襯托得更出色。

▶料理清酒
りょうりしゅ

日式料理中如果需要用酒調味，大致上用的就是料理清酒。味道溫和偏甜，肉類海鮮的去腥和許多醬料的製作都用得到。本書的食譜所用到的酒都是料理清酒，由於米酒在日本不好找，甚至在做中式料理時我也會使用料理清酒。

◀味醂
みりん

含有酒精成分的日式調味料，由甜糯米和麴釀成，微甜的口味和淡淡的酒香是其主要特色。在料理中扮演著去除腥味和引出食物原味的重要角色。味醂具有天然的甜度，是許多日式照燒類和其他帶甜味的料理不可或缺的調味料。

※以上調味料皆在台灣的日系超市裡買得到，品牌可能會有所差異，
　請依個人喜好評估挑選。

超市人氣便利商品與調味料

日本的超市貨物商品齊全、選擇性多樣化、價格合理，甚至還有許多如期間限定的優惠、接近賞味期限的特價或夜間時刻的大減價等促銷方案。此外在旅遊中如果有忘了帶或帶不齊全的生活用品，也可以在超市裡一併買齊。推薦大家來日本遊玩時，將超市購物也放入行程中，相信一定會有大大的收穫。

▶沙拉醬

沙拉是日本人三餐中經常出現的菜色之一，由於食用量大和頻率高，這裡的超市可以看到各式各樣的沙拉醬，口味非常多。其中胡麻沙拉醬是日本銷售第一名的沙拉醬商品，可說是日本家庭最喜愛的口味。除了受歡迎的胡麻口味外，檸檬、柚子、芝麻鹽和洋蔥等和風清爽系列或是明太子奶油醬、起司羅勒青醬、凱薩、法式沙拉等濃厚香醇風味，琳瑯滿目選擇非常多。擔心沙拉醬卡路里過高的朋友，還可以選擇低卡、低脂肪和低膽固醇的產品，在大口享用沙拉的同時也能降低攝取過多卡路里和鹽分的可能性。

另外，沙拉醬除了拿來當生菜沙拉和蔬菜條的沾醬外，還能直接拿來拌燙青菜或義大利麵、烏龍麵等。吃不慣生菜沙拉的話，可以試試看所謂的溫沙拉，將菠菜、大白菜、菇類等蔬菜及豬肉片燙熟後淋上沙拉醬再撒上蔥花就完成了。

▶日式高湯粉

日本料理中不可或缺的日式高湯（だし），超市裡可以看到各式各樣的相關產品，甚至還可以找到無添加化學成分和食鹽的商品，以食材本身的自然風味取勝。大致上有小魚乾、昆布、柴魚、香菇等不同的風味，其中最近又以飛魚口味人氣旺盛。

許多人來日本旅行時會覺得這裡的味噌湯好好喝，其實味噌湯除了放味噌外，加入任何食材後再加一點日式高湯粉，有深度和層次感的日式風味味噌湯自己也做得出來。另外日式高湯粉也可以拿來做清淡的烏龍麵湯頭，用來煮日式炊飯、茶碗蒸和關東煮等等都很不錯。

▼香辛料泥

料理中不可或缺的香辛料如大蒜、薑等等，不論是磨成泥或切成細末都需要花上一段時間，而且使用的期限非常有限；但日本超市裡可以找到許多已經磨成泥的香辛料產品，大部分以輕鬆方便的軟管式包裝，旋轉開蓋即可使用，使用的量也可以隨心所欲控制。最吸引人的是，這些香辛料產品都不是化學成分製造出來的，而是採用真正的食材製作而成，完全呈現生大蒜、生薑、生山葵等食材的鮮美，所以在包裝上大多強調「生」這個字。

其中的生山葵泥可以說是日本家家戶戶必備的，和醬油絕妙地結合與生魚片和握壽司非常對味。另外日本人在吃牛排時會撒上一點鹽並蘸上山葵泥來提味，可以把牛肉的美味呈現出不同風味，建議大家吃牛排時也可以試試看鹽與山葵泥組合在一起的另類吃法。

▲炸雞粉

日式炸雞塊是日本料理中定番的人氣菜色，也是一般家庭餐桌上以及便當盒裡經常會出現的美味食物。超市裡也有販賣一種便利的炸雞粉，調味料已經和粉末結合，買回家後就可以將在店裡吃到的鮮嫩酥脆炸雞塊重現。有些炸雞粉還強調是名店或名人監修而成的，也有不同口味的選擇，買幾包回家非常方便，都不必擔心自己調味不道地。

利用這些炸雞粉來做炸雞塊的作法也非常簡單，首先先將粉末倒出來，按照包裝上指示的分量加入開水拌勻，再加入切好的雞腿塊，醃個十分鐘左右就可以炸來吃了。日式炸雞通常外皮炸得酥酥脆脆、肉質鮮嫩多汁，就算放涼了也有不錯的口味，很適合帶便當，大人小孩都吃光光。

▶一人份包裝的火鍋湯頭

日本超市裡有琳琅滿目的火鍋湯頭和相關調味產品任你選，尤其是每年的冬天幾乎會有新口味出現。近年來由於因應少數人口和一個人居住的需求，一人份包裝的火鍋湯頭也愈來愈流行，除了味之素火鍋湯塊是一小塊一人份包裝的濃縮高湯塊外，也有エバラ（Ebara）膠囊式的火鍋濃縮湯頭包裝。

一個人也可以享受熱騰騰的火鍋，如果人數增加再多加幾塊高湯塊調節分量就可以了。

在鍋中按照人數放入水量和火鍋湯頭產品用火煮開，先放入根莖類的蔬菜和肉類煮滾，再放入葉菜類就完成了。因為湯頭已經有足夠的味道，直接吃就很美味，不需要再使用沾醬。吃完火鍋後把剩下的精華湯頭拿來煮粥或放拉麵、烏龍麵進去作結尾是這裡的人氣吃法。另外還可以拿來煮日式炊飯，米洗好加入適量的水和人數分量的火鍋湯頭，再放進菇類、紅蘿蔔、雞肉和油豆腐皮，香噴噴的日式炊飯也可以輕鬆登場。

◀日式香鬆

香鬆可説是日本主婦料理時的另一個好幫手，也是米飯的好朋友，在米飯上撒上香鬆或做成飯糰既美味又方便，在便當或野餐料理上的運用也很頻繁。日本的超市裡可以發現許多口味的香鬆產品，海苔、鮭魚、紫蘇、芝麻鹽、鰹魚、昆布、山菜、小魚乾、烏梅等等是基本的口味。最近更是有些嶄新的味道出現，蕎麥麵、七味粉、柚子胡椒、山葵等這些大人風味也很吸引人，另外還可以找到一些強調無添加的自然風香鬆產品。除了放幾包在家裡，一次使用完畢的分裝小包外出攜帶也很方便。

▶味噌湯便利包

味噌湯可說是日本家庭幾乎每日會出現在餐桌上的湯品，因此超市裡販售許多便利包，讓忙碌無法下廚的人也能喝到熱騰騰的味噌湯。為大家介紹一種低卡路里減鹽的味噌湯便利包，是由日本人氣話題TANITA（タニタ）食堂監修。TANITA是一家專門販賣體重計和測量機等產品的著名公司，在自家公司的食堂裡研發許多低卡減鹽的健康餐飲而引起一陣話題風潮，進而開始開發料理相關產品與定食餐廳。由TANITA和Marukome聯名合作的味噌湯便利包，一人份只有二十五至三十卡路里和一公克含量的鹽分，就算每天喝一碗也不會有太大的負擔。

◀義大利麵醬

日本的超市裡也可以看到各種口味的義大利麵醬，其中還有兩人份的便利包非常方便，將義大利麵煮熟後再用醬料拌勻，足以媲美外面餐廳級的義大利麵，在家裡也能輕鬆料理。辣味明太子、番茄起司奶油、蘑菇培根奶油、柚子胡椒風味、青醬羅勒、拿坡里、肉醬等是我們家常買的醬料口味，準備幾包放著，想吃義大利麵時馬上就有。

◀水果穀物麥片

　　早餐習慣在家裡解決的日本人吃什麼呢？介紹一個主婦的好幫手，在日本一直都很流行的──水果穀物麥片，很多台灣旅客也會在超市掃貨。號稱是消費者的「第三種早餐」，也就是米飯和麵包之外的第三種選擇。直接加入牛奶或優格裡非常方便，還可以自行增添各種水果。除了有不同的口味，卡路里降低一半的穀物麥片也是貼心的另一種選擇。

▶吐司抹醬

　　早餐中吐司的抹醬在超市裡也有多樣化的選擇，各種口味的果醬、巧克力醬、花生醬等，也有特殊的明太子奶油醬、蛋沙拉醬、香蒜奶油醬、抹茶醬、黑豆黃豆粉醬、黑芝麻醬……，另外還有貼心的減半卡路里商品，就算每天吃吐司也能變化多端。

◀抹茶粉

　　記得第一次在溫泉旅館的餐後，喝到了一杯香濃甘醇的抹茶，雖然帶點抹茶特有的苦澀，但喝進嘴裡卻甘醇回香，尤其在寒冷的冬季夜晚，一口口溫熱的抹茶也溫暖了旅人們疲憊的身心。在日本的超市裡也可以買到便利的抹茶粉商品，有經過調味的抹茶牛奶，也有保有原本風味的抹茶粉，直接泡來享用或當作抹茶甜點的食材都很方便。

▶咖啡

　　日本的超市裡販賣許多不同廠牌的咖啡，沖泡便利包、沖泡濾掛式、咖啡粉和咖啡豆，在此介紹一款我們家爸媽每次來日本必買的小川咖啡。小川咖啡是一九五二年在京都西京極創業的咖啡專業烘焙生產販賣店，由當地的咖啡職人注入熱情研發評鑑，堅持追求咖啡純粹風味，溫和的口感和具有深度的餘韻是一大特色。其他品牌的咖啡，甚至低咖啡因或無咖啡因的產品都很齊全，大家可以按照自己的喜好挑選。

▲Q比日式美乃滋

　　Q比日式美乃滋在日本是家家戶戶必備的調味料之一，除了最基本傳統的美乃滋外，Q比還陸陸續續開發許多健康路線的種類，例如強調清爽的、卡路里減半的、零卡路里的、低脂肪酸的……，還有明太子、芥末等特殊口味的美乃滋。日式美乃滋在日本料理上的運用非常廣泛，沙拉醬的調製、大阪燒、章魚燒等沾醬的搭配、三明治的製作等等都少不了它。在本書中所介紹的食譜裡可以看到它出現好幾次，大家不妨也來試試看日本家庭必備的日式美乃滋。

※以上商品及調味料品牌可能會有所差異，請依個人喜好評估挑選。

食譜索引

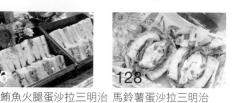

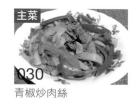

178
奶油蒜香醬油烤雞腿

主食
032
香菇豬肉炒麵

035
竹筍豆腐皮炊飯

074
台式蒜味香菇絞肉鹹稀飯

082
日式煎餃

084
玫瑰花煎餃

116
松茸炊飯

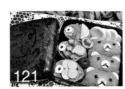
121
稻荷壽司

124
鮭魚卵炒飯

164
鹹豬肉烤飯

166
水晶蝦仁蒸餃

175
鮪魚美乃滋電鍋飯

便當
058
卡通便當＆日式漢堡排

062
親子丼快速便當

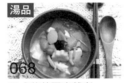
湯品
068
日式蔬菜豆腐雜煮

070
北海道燉牛奶

120
日式年糕湯

鍋物
114
壽喜燒

182
千層白菜豬肉鍋

甜點
152
冰鎮白玉糰子

154
舒芙蕾起司蛋糕

156
鍋煮奶茶布丁

158
不必烤優格起司蛋糕

160
荷蘭鬆餅

基本材料應用
072
日式萬用高湯

162
萬用鬆餅粉

大塚太太的
東京餐桌故事

東京下町大塚家の幸せレシピ物語

作　　者	大塚太太	總 代 理	三友圖書有限公司
插　　畫	大塚小姑	地　　址	106台北市安和路2段213號4樓
攝影協力	Steph Tsai	電　　話	(02) 2377-4155
編　　輯	鄭婷尹	傳　　真	(02) 2377-4355
校　　對	鄭婷尹、徐詩淵	E－mail	service@sanyau.com.tw
美術設計	何仙玲	郵政劃撥	05844889 三友圖書有限公司
發 行 人	程顯灝	總 經 銷	大和書報圖書股份有限公司
總 編 輯	呂增娣	地　　址	新北市新莊區五工五路2號
主　　編	翁瑞祐、徐詩淵	電　　話	(02) 8990-2588
編　　輯	鄭婷尹、吳嘉芬	傳　　真	(02) 2299-7900
	林憶欣		
美術主編	劉錦堂	製版印刷	卡樂彩色印刷製版有限公司
美術編輯	曹文甄		
行銷總監	呂增慧	初　　版	2018年01月
資深行銷	謝儀方	定　　價	新台幣340元
行銷企劃	李　昀	ＩＳＢＮ	978-986-95765-2-9（平裝）
發 行 部	侯莉莉	◎版權所有・翻印必究
財 務 部	許麗娟、陳美齡	書若有破損缺頁 請寄回本社更換
印　　務	許丁財		
出 版 者	四塊玉文創有限公司		

SANYAU
http://www.ju-zi.com.tw
三友圖書
友直 友諒 友多聞

國家圖書館出版品預行編目 (CIP) 資料

大塚太太的東京餐桌故事 / 大塚太太著 . --
初版 . -- 臺北市：四塊玉文創 , 2018.01
　　面；　公分
ISBN 978-986-95765-2-9(平裝)

1. 食譜 2. 日本
427.131　　　　　　　　　　　106024012

旅行。漫步日本

女孩們的東京漫步地圖
沈星曬 著／定價 240 元

在東京街巷，尋訪內行人才知道的五十處風格店鋪。感受不同的生活溫度，文具與器皿、雜貨與書、美食咖啡……。旅行，可以很日常，用很日常的心，去旅行！

東京・裏風景 深旅行
19 條私旅路線，218 個風格小店，大滿足的旅程！！

羅恩靜、李荷娜 著、韓曉臻 譯／定價 380 元

賣什麼都不奇怪的書店，專賣法國老物件的雜貨鋪，奈良美智的咖啡館等等，東京的魅力盡在巷弄裡，總會有令人會心一笑的小驚喜，讓你忍不住讚嘆道：「啊！這就是東京！」

100 家東京甜點店朝聖之旅
漫遊東京的甜點地圖

Daruma 著／定價 420 元

「去東京，不吃甜點就太可惜了！」本書蒐羅在日本東京的 100 家甜點專賣店，帶你走遍大街小巷的老鋪新店，品嘗甜點，拜訪職人，體驗不一樣的朝聖之旅！

跳上新幹線，這樣玩日本才對！
25 個城市與 60 個便當的味蕾旅行

朱尚懌（Sunny）著／熊明德（大麥可）攝影／定價 298 元

2 個人、25 個城市、60 個鐵道便當，她用台灣人的角度，帶回日本鐵道便當滿滿的幸福味道，就等你來品嘗。

日本 Free Pass 自助全攻略
教你用最省的方式，深度遊日本

Carmen Tang 著／定價 350 元

除了搭廉航，還有更省的旅遊妙招！利用 FREE PASS 票券，教你利用省錢絕招，玩遍島根、富山、北陸，來趟不一樣的日本深度旅行！！

關西 Free Pass 自助全攻略
教你用最省的方式，遊大阪、京都、大關西地區

Carmen Tang 著／定價 350 元

想節省旅費又想玩遍景點，想深度旅遊又怕看不懂地圖，用最簡單的方式讓你搞懂周遊券，用最省錢的方法讓你玩遍關西，搭配 QR CODE，一本書就搞定所有行程！

料理 。 異國風味

惠子老師的日本家庭料理
100 道日本家庭餐桌上的溫暖好味

大原惠子 著／楊志雄 攝影／
定價 450 元

大原惠子來台定居十多年，對她來說，在廚房重溫媽媽的手藝，就是治療鄉愁的良藥。30 種套餐、100 道日式家庭料理，惠子老師與你分享屬於日式的幸福滋味。

So delicious 學做異國料理的第一本書
日式‧韓式‧泰式‧義大利‧中東‧西班牙‧西餐，一次學會七大主題料理

李香芳、林幸香等 著／定價 480 元

本書以日式、韓式、泰式、義大利、中東、西班牙、西餐 7 大主題分類，收錄 120 道異國料理食譜，循序漸進的食譜教學，一次滿足你對異國料理的渴望！

日本菜 日本家常料理
亞洲廚神の味自慢家庭風料理

李佳其、李佳和 著／楊志雄 攝影／
定價 380 元

一對亞洲廚神兄弟，運用隨手可得的食材，佐以大師級的手藝，重現深刻而溫暖的日本家常菜。詳細步驟搭配圖解示範，教你做出屬於「家」的幸福滋味。

渡邊麻紀的湯品與燉煮料理
藍帶廚藝學院名師親自傳授

渡邊麻紀 著／程馨頤 譯／定價 380 元

餐桌，就是需要一鍋湯。藍帶級名師親授 85 道好湯 & 燉煮料理，溫胃暖心，只配白飯也能營養滿點讓你天天都想早點回家吃飯！

印度料理初學者的第一本書
印度籍主廚奈爾善己教你做 70 道印度家常料理

奈爾善己 著／陳柏瑤 譯／定價 320 元

70 道最經典的印度料理，從主食、副菜到甜點、飲料，共 70 款經典的家常印度菜，並搭上料理小故事，讓你邊做邊學，精神、味蕾雙重滿足。

泰國家常菜
沙拉、湯品、海鮮、泰式咖哩與甜品一次學會

關順發 著／定價 300 元

一吃就停不下來的蝦餅、鮮甜酸香的惹味海鮮、捨不得吞下肚的泰式炒飯……只要跟著主廚一步一步來，這些迷人的泰式美味，你也能在家自己做！

甜點。幸福上桌

媽媽教我做的糕點
派塔╳蛋糕╳小點心，重溫兒時的好味道

賈漢生、丁松筠 著／定價 380 元

不添加色素！不使用人造奶油！本書蛋糕烘焙食譜由丁松筠神父的母親、外國牧師娘留傳下來，喜愛烘焙的賈漢生根據食譜調整用糖分量，分享這份愛與幸福。

零負擔甜點
戚風蛋糕、舒芙蕾、輕乳酪、天使蛋糕、磅蛋糕……7 大類輕口感一次學會

賴曉梅、鄭羽真 著／楊志雄 攝影／定價 380 元

吃完蛋糕，總是留下一團奶油的你；為了健康又想品嘗蛋糕的你；或是單純不愛吃乳製品的你，甜點達人不藏私與你分享。

杯子蛋糕幸福上桌
糕體、糖霜到裝飾，輕鬆完成

戚黛黛、蒙順意 著／定價 350 元

從扎實鬆軟的蛋糕、柔軟滑順的糖霜到千變萬化的裝飾，讓你確實掌握杯子蛋糕的烘焙重點。step by step，初學者也能輕易上手！

甜點女王的百變咕咕霍夫
用點心模做出鬆軟綿密的蛋糕與慕斯

賴曉梅 著／楊志雄 攝影／定價 200 元

本書教你如何製作口感鬆軟綿密的咕咕霍夫蛋糕與慕斯，詳細的食材分量與作法說明，隨著女王的完美手藝，在家自己做，健康零負擔！

甜點女王的百變杯子蛋糕
用百摺杯做出經典風味蛋糕

賴曉梅 著／楊志雄 攝影／定價 200 元

食安危機層出不窮，自己做最安心！使用矽膠百摺杯烘烤出健康美味的杯子蛋糕，詳細食材分量與作法說明，讓女王教你零失敗的烘焙祕訣！

用米做的蛋糕・麵包・餅乾

許正忠、周麗秋 著／定價 350 元

低卡健康，天然好吃！本書強調「原料天然、步驟詳細、成品健康、作法簡單」，不論新手或行家都很好上手，體驗出新米食的烹飪樂趣。

Zaniin
Kitchen Art Activis

我 不 屑，

我 是

環保

TPU屬於環保可回收材質，
埋在土壤中5-10年即可徹底分解，不會危害環境。

健康

卓越抗刀痕的特性，不易滋生細菌、黴菌，不易殘留異味。
不掉屑，無須擔心砧板碎屑吃到肚子裡。

無毒

TPU屬於無毒材質，製程中不需添加塑化劑或其他化工原料即可塑型。
TPU不會產生任何危害人體的毒素 (例: 雙酚A)。
TPU材質耐熱150℃以上，可使用洗碗機清洗，並可用滾燙的熱水進行

375.0 x 260.0 x 3.0mm

TPU經典橢圓砧板
特殊開口設計，方便取納
套上輔助環後可吊掛任意掛勾

TPU刻度方形砧板
刻度尺設計，精準切割食材

TPU副食品寶貝砧板
用於處理嬰幼兒副食品或是
單獨處理小朋友的食物

Zaniin Co., Ltd.

www.zaniin.com.tw

Zaniin®

(04)23296108
info@zaniin.com

PChome

蝦皮

三友圖書有限公司 收
SANYAU PUBLISHING CO., LTD.

106　台北市安和路2段213號4樓

三友圖書
讀書俱樂部

購買《大塚太太的東京餐桌故事》的讀者有福啦！只要詳細填寫背面問券，並寄回三友圖書，即有機會獲得「瑞康國際企業股份有限公司」獨家贊助好禮！

「瑞康屋－精彩雙刃刀」
價值699元 （共3名）

活動期限至2018年3月9日止
詳情請見回函內容
本回函影印無效

四塊玉文創╳橘子文化╳食為天文創╳旗林文化
http://www.ju-zi.com.tw
https://www.facebook.com/comehomelife

親愛的讀者：

感謝您購買《大塚太太的東京餐桌故事》一書，為回饋您對本書的支持與愛護，只要填妥本回函，並於2018年3月9日前寄回本社（以郵戳為憑），即有機會參加抽獎活動，得到「瑞康屋－精彩雙刃刀」（共3名）。

姓名＿＿＿＿＿＿＿＿＿＿＿＿＿　出生年月日＿＿＿＿＿＿＿＿＿＿＿＿＿＿＿

電話＿＿＿＿＿＿＿＿＿＿＿＿＿　E-mail＿＿＿＿＿＿＿＿＿＿＿＿＿＿＿＿＿

通訊地址＿＿＿＿＿＿＿＿＿＿＿＿＿＿＿＿＿＿＿＿＿＿＿＿＿＿＿＿＿＿＿＿

臉書帳號＿＿＿＿＿＿＿＿＿＿＿＿＿＿＿＿＿＿＿＿＿＿＿＿＿＿＿＿＿＿＿＿

部落格名稱＿＿＿＿＿＿＿＿＿＿＿＿＿＿＿＿＿＿＿＿＿＿＿＿＿＿＿＿＿＿＿

1 年齡
□ 18 歲以下　　□ 19 歲～ 25 歲　　□ 26 歲～ 35 歲　　□ 36 歲～ 45 歲　　□ 46 歲～ 55 歲
□ 56 歲～ 65 歲　　□ 66 歲～ 75 歲　　□ 76 歲～ 85 歲　　□ 86 歲以上

2 職業
□軍公教 □工 □商 □自由業 □服務業 □農林漁牧業 □家管 □學生
□其他＿＿＿＿＿＿＿＿＿

3 您從何處購得本書？
□博客來　□金石堂網書　□讀冊　□誠品網書　□其他＿＿＿＿＿＿＿＿＿＿＿
□實體書店＿＿＿＿＿＿＿＿＿＿＿＿＿＿＿＿＿＿＿

4 您從何處得知本書？
□博客來　□金石堂網書　□讀冊　□誠品網書　□其他＿＿＿＿＿＿＿＿＿
□實體書店＿＿＿＿＿＿＿＿＿　□ FB（三友圖書 - 微胖男女編輯社）＿＿＿＿＿＿
□好好刊（雙月刊）　□朋友推薦　□廣播媒體

5 您購買本書的因素有哪些？（可複選）
□作者 □內容 □圖片 □版面編排 □其他＿＿＿＿＿＿＿＿＿＿＿＿＿＿＿＿

6 您覺得本書的封面設計如何？
□非常滿意 □滿意 □普通 □很差 □其他＿＿＿＿＿＿＿＿＿＿＿

7 非常感謝您購買此書，您還對哪些主題有興趣？（可複選）
□中西食譜　□點心烘焙　□飲品類　□旅遊　　□養生保健　□瘦身美妝 □手作 □寵物
□商業理財　□心靈療癒　□小說　　□其他＿＿＿＿＿＿＿＿＿＿＿＿

8 您每個月的購書預算為多少金額？
□ 1,000 元以下　　□ 1,001 ～ 2,000 元 □ 2,001 ～ 3,000 元 □ 3,001 ～ 4,000 元
□ 4,001 ～ 5,000 元 □ 5,001 元以上

9 若出版的書籍搭配贈品活動，您比較喜歡哪一類型的贈品？（可選 2 種）
□食品調味類　　　□鍋具類 □家電用品類　　□書籍類 □生活用品類　　□ DIY 手作類
□交通票券類　　　□展演活動票券類　□其他＿＿＿＿＿＿＿＿＿＿＿＿＿＿＿

10 您認為本書尚需改進之處？以及對我們的意見？
＿＿＿＿＿＿＿＿＿＿＿＿＿＿＿＿＿＿＿＿＿＿＿＿＿＿＿＿＿＿＿＿＿＿＿＿＿＿

感謝您的填寫，
您寶貴的建議是我們進步的動力！

本回函得獎名單公布相關資訊

得獎名單抽出日期：2018年3月30日
得獎名單公布於：
臉書「三友圖書-微胖男女編輯社」：https://www.facebook.com/comehomelife/
痞客邦「三友圖書-微胖男女編輯社」：http://sanyau888.pixnet.net/blog